NATURAL HISTORY OF MANTODEA

螳螂的自然史

吴超　编著

海峡出版发行集团｜海峡书局
THE STRAITS PUBLISHING & DISTRIBUTING GROUP

图书在版编目（CIP）数据

螳螂的自然史 / 吴超编著. -- 福州 ： 海峡书局，
2021.8（2021.10重印）
ISBN 978-7-5567-0854-3

Ⅰ．①螳… Ⅱ．①吴… Ⅲ．①螳螂科－中国－图集
Ⅳ．①Q969.26-64

中国版本图书馆CIP数据核字（2021）第165879号

出 版 人：林　彬
策　　划：曲利明　李长青
作　　者：吴　超
插　　画：聂采文
责任编辑：俞晓佳　林洁如　廖飞琴　陈　婧　陈洁蕾　龙文涛
装帧设计：李　晔　黄舒埼　董玲芝　林晓莉
封面设计：李　晔
校　　对：卢佳颖

Tángláng De Zìránshǐ

螳螂的自然史

出版发行：海峡书局
地　　址：福州市台江区白马中路15号
邮　　编：350001
印　　刷：雅昌文化（集团）有限公司
开　　本：787毫米×1092毫米　1/16
印　　张：14
图　　文：224码
版　　次：2021年8月第1版
印　　次：2021年10月第2次印刷
书　　号：ISBN 978-7-5567-0854-3
定　　价：98.00元

　　吴超，生于北京，现就职于中国科学院动物研究所，从事直翅目及螳螂目昆虫分类学工作。曾出版专著《中国螳螂》，以分支主编身份参与"十一五"国家重点图书出版规划项目《中国昆虫生态大图鉴》。有丰富的摄影及野外调研经验，长期在我国西南省份，尤其藏东南及珠峰地区考察采集。发现、发表昆虫新属种及新纪录若干，并有数种昆虫新种以吴氏命名。

《螳螂的自然史》摄影作者名单

（排名不分先后，按姓氏笔画排列，无标注的图片皆由作者拍摄）

王　瑞　王文静　王冬冬　王吉申　王志良　朱卓青　刘　晔　刘锦程

刘钦朋　严　莹　李　超　李辰亮　余文博　张　瑜　张永仁　张嘉致

旺　达　郑昱辰　胡佳耀　施筱迪　郭峻峰　黄仕傑

昆虫无疑是地球上种类最丰富、演化最成功的生物类群，这里不用加上"之一"二字。而对于广大民众而言，螳螂即使不能算是最熟悉的一类昆虫，也一定是时有耳闻、不会陌生的。螳螂目Mantodea包含近三千个已知种，各异而独特的样貌自然是它们的引人之处，而更让人们着迷的或许是它们颇有拟人感的行为习性；想必很多人都有和螳螂转头对视的体验，它们追击猎物时的"计谋"和躲避敌害的"谨慎"也让我们感到螳螂似乎是有"思考"能力的昆虫。本书将会尽可能细致地为读者展现螳螂生活的点滴和它们与生态系统中其他生物的关系，也会为读者们展示中国螳螂丰富绝美的多样性。

在第一部分，我简述了螳螂研究的历史主线以及螳螂在人们生活中的相关文化。第二部分则详尽地介绍了螳螂的身体结构。第三部分和第四部分是本书的主要内容，包含了螳螂的生活史及丰富的生物学信息，尤其第四部分，是我及朋友们十年来野外考察的积累，有很多难得的图片资料。第五部分是本书占据篇幅最大的部分，涵盖了中国所有有记录的属一级的分类单元；并得益于朋友们的慷慨支持，使这一部分十分难得地为每个属都提供了生态照片，多数属还包括了两性成虫、若虫、面部特征等重要信息，不乏世界范围内首次以彩色照片示人的物种。第六部分简述了找到或是采集螳螂的方法经验。第七部分是螳螂的饲养部分，由安徽蚌埠的夏兆楠先生依多年饲养经验撰写。上海的张嘉致先生为本书的第八部分撰稿，翔实细致的文字和精彩的图片一定会为读者解决很多标本制作上的问题。

本书既可作为对螳螂目昆虫相关信息的了解概论，也可用于中国螳螂科属的识别鉴定，更可用作各个年龄段读者之科普参考；我也希望本书能让读者们看到螳螂，乃至昆虫世界的魅力，让国人对自然有更多的珍爱敬畏之心。尽管我和为本书出力的朋友们细心校对，但也感错误纰漏诚然难免，更何况一些生物学记录难免片面，因而也望读者朋友们发现谬误能不吝指正，我也好在未来的版本中吸取教训加以修订。

最后，希望本书能让您喜欢，更希望螳螂能让您喜爱。

吴超 二〇一九年仲夏 于西藏樟木

西藏樟木的原始林，通往边境的公路开凿在峡谷一侧的山体上，宛如天路

目　录

角胸屏顶螳 *Phyllothelys cornutum* (Zhang, 1988)　摄于福建武夷山

一 什么是 螳螂

螳螂（mantis），或许是人们最耳熟能详的一类昆虫了。易于识别的外形、较高的遇见几率，加之时常出现在各类作品或文学典故之中，使得我们早在童年就已经知道它们了。在现代生物分类学上，螳螂隶属于动物界－节肢动物门－昆虫纲－螳螂目 Mantodea，包含近3000 个已知种，分布在除南极洲以外的各个大洲。这类特征鲜明的昆虫是多新翅类 Polyneoptera 大家庭中的一个分支；在现生昆虫中，与螳螂有着最近的亲缘关系的姊妹群（sister group）是被泛称为蟑螂的蜚蠊目 Blattodea，这两类昆虫共同组成了单系的网翅总目 Dictyoptera。

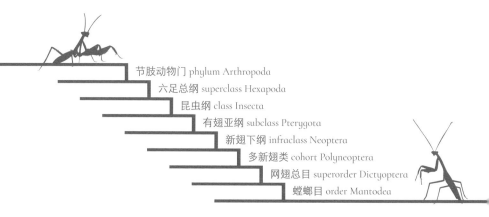

节肢动物门 phylum Arthropoda
六足总纲 superclass Hexapoda
昆虫纲 class Insecta
有翅亚纲 subclass Pterygota
新翅下纲 infraclass Neoptera
多新翅类 cohort Polyneoptera
网翅总目 superorder Dictyoptera
螳螂目 order Mantodea

薄翅螳 *Mantis religiosa*，最典型的螳螂目昆虫，也是世界上第一种被科学命名的螳螂。这个物种在中国大部分地区都有分布；而在世界范围，它们在旧大陆几乎无处不在：从欧洲到远东、中北非；并随着人类活动的引入或无意带入，成功地扩散至新大陆，成为世界上分布最广的一种螳螂　摄于北京

产自哥伦比亚的柯巴脂中包裹的螳螂若虫。哥伦比亚地区所产柯巴脂的年代尚有争议，它们可能形成于上新世，但也有研究者认为会远早于这个年代

　　在多新翅类 Polyneoptera 昆虫中，如果以拥有捕捉足及在前翅具有伪脉（pseudovein）结构作为判断螳螂目昆虫的基准，那么化石记录的螳螂可以追溯至侏罗纪晚期（late Jurassic），但一些早期的无翅化石标本可能与捕食性蜚蠊的界定并不清晰。到白垩纪（Cretaceus period）时，化石螳螂的外形多数已经与现生螳螂没有太大差异了，一些琥珀中保存的螳螂已经能看到现生螳螂的全部特征。而到新生代（Cenozoic）中期，在热带美洲出产的柯巴脂（copal）中则已有了与现在完全相同的物种。在今天，螳螂目被划分为 29 个现生科及 3 个化

石科，包含近 3000 个现生种；其中的 12 科，约 160 种记录于中国境内。

　　除去海拔超过 3500 米的高原及过于贫瘠的荒漠地区，在中国，几乎全国各地都能找到螳螂活动的踪迹。整体而言，越向北方螳螂的物种多样性越低；而在热带的低海拔地区，螳螂的种类则最为丰富，形态色彩也表现出极高的多样性。尽管中国已知 160 余种螳螂，然而人们日常能见到的螳螂却不及 20 种；在这些相对易见的螳螂中，又仅有不及 10 种会频繁地出现在我们生活的城市环境里。

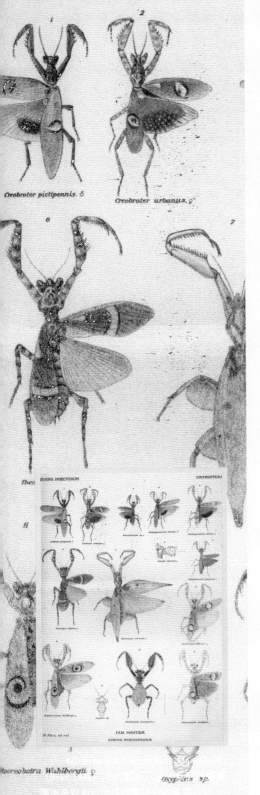

Creobroter pictipennis. ♂

Creobroter urbanus. ♀

Thea...

...INSECTORUM ... ORTHOPTERA...

FAM. MANTIDAE.
SUBFAM. HYMENOPODIN...

Acreobotra Wahlbergii ♀

...nypl...s sp.

...ntis tricolor ...

...tis planiceps...

...illum. ♀

　　如同大多数动物类群一样，瑞典籍日耳曼人卡尔·冯·林奈 Carl von Linné 是第 1 批用科学的分类方法——双名命名法（binomial nomenclature）——对螳螂进行首次描述及命名的人。1758 年，林奈的第 10 版系统分类学《Systema naturae》中，螳螂被包含在鞘翅目 Coleoptera 下蟋蟀属 Gryllus 的螳亚属 Mantis 之中，当时的蟋蟀属还包括了现今的直翅目 Orthoptera 及䗛目 Phasmida 昆虫。1767 年，林奈将螳属 Mantis 提升为 1 个独立属；而直至 1839 年，Audinet-Serville 才首次将螳螂提升为直翅目下的 1 个科；1889 年，Wood-Mason 提出了螳螂目 Mantodea；1919 年，在 Giglio-Tos 的专著中，螳螂被作为 1 个科看待，包含了 30 余亚科、388 属、1364 种，是当时最为全面的螳螂分类体系。1930 年，Handlirsch 将螳螂目划分成 2 个科：缺爪螳科 Chaeteessidae 和包含其他所有螳螂的螳科 Mantidae。1949 年，Chopard 记录了螳螂目约 1800 种，并划分成 13 个科。在 1964 年，Beier 的螳螂目分类体系则包含 8 科，记载超过 330 属和约 1700 种；中国研究者王天齐在 1993 年出版的《中国螳螂目分类概要》一书即以此分类系统为主要框架。2002 年，在 Ehrmann 出版的专著《Mantodea der Welt》中记录了世界范围螳螂目 15 科、434 属、2300 余种，在接下来的 10 余年中，这套分科系统被广泛应用；2019 年 Schwarz & Roy 以雄性外生殖器特征、整体形态特征及分子证据为基础提出全新的螳螂目分类系统，将现生螳螂目重新分成 29 科。在此框架下，中国境内的螳螂包括了 12 个科，这些科及在中国有分布的属，我们将在第五部分详尽介绍。

尽管一对发达的镰刀状捕捉足让螳螂成为几乎不可能被认错的昆虫，不过仍有少数昆虫类群可能有与之雷同的外形。在相似的生存模式与选择压力下，与螳螂并无亲缘关系的半翅目-蝎蝽科 Nepidae 及猎蝽科 Reduviidae、脉翅目-螳蛉科 Mantispidae、双翅目-舞虻科 Empididae 及水蝇科 Ephydridae 等同样演化出了精致的捕捉足结构。这样的相似并不是拟态所致，而属于趋同演化（convergent evolution）的范畴。

北方螳蛉 Mantispa styriaca。螳蛉属于全变态昆虫，它们蠕虫样的幼虫通常寄生蜘蛛卵囊；很容易被误判成小型的螳螂。但可以注意：螳蛉的前后翅均没有显著的可折叠的臀域；而有翅螳螂的后翅都有发达的，可折叠成扇形的臀域结构　摄于北京延庆

生活时，螳蛉（左）与螳螂捕捉足的收起姿态（右）通常也有明显的方向性差异

类螳蝎蝽 *Cercotmetus* sp.，可以看到它们的针状口器，腹部末端的呼吸管；并且没有细长的触角。实际上，已知的螳螂种类中，也不存在水生的种类　摄于浙江

双翅目舞虻科的螳舞虻 *Chelipoda*（左上）及水蝇科的螳水蝇 *Ochthera*（右上）、半翅目猎蝽科的螳瘤蝽 *Cnizocoris*（下）等均有着与螳螂非常相似的捕捉足，和螳蛉与螳螂的相似一样，都是趋同演化的结果；而半翅目蝉科 Cicadidae 若虫的前足尽管看起来也与螳螂很相似，却有着截然不同的用途，属于开掘足

尽管中国人对螳螂进行科学分类的起步时间很晚，但这并不妨碍我们的先人很早就已经注意并记录螳螂这类独特的昆虫。

在战国时期的《庄子·人间世》中有一段典故："汝不知夫螳螂乎？怒其臂以当车辙，不知其不胜任也，是其才之美者也。"这一典故后被精炼为人尽皆知的成语"螳臂当车"。另一个与螳螂相关的成语典故也出于《庄子》。在《庄子·山木》中写到："睹一蝉，方得美荫而忘其身，螳螂执翳而搏之，见得而忘其形；异鹊从而利之，见利而忘其真。"这一颇有趣味的故事，因被用于阻谏吴王阖闾的伐楚计划而出现在《说苑·正谏》中："蝉高居悲鸣饮露，不知螳螂在其后也；螳螂委身曲附欲取蝉，而不知黄雀在其傍也；黄雀延颈欲啄螳螂，而不知弹丸在其下也。此三者皆务欲得其前利，而不顾其后之患也。"也许正是这次阻谏，让螳螂捕蝉这一成语名扬天下并在之后频繁地出现在各种文集之中，如三国时期曹植的"苦黄雀之作害兮，患螳螂之劲斧"与明代《菜根谭》中的"螳螂之贪，雀又乘其后"等。

除去典故寓言，先人们对螳螂的日常观察也不少见。《吕氏春秋·仲夏纪第五》中"小暑至，螳螂生"，简洁明了地介绍了螳螂的孵化和出现时间。《后汉书·列传·蔡邕列传下》中有一段关于螳螂捕蝉的形象描述："我向鼓弦，见螳螂方向鸣蝉，蝉将去而未飞，螳螂为之一前一却。吾心耸然，惟恐螳螂之失之也。"这里的"一前一却"非常形象地写出了螳螂摆动身体靠近猎物的行

为特征，如非实际观察，定是写不出来的。东汉的王逸是湖北襄阳人，为哀悼屈原而作了《九思》，其中《哀岁》一节有"下堂兮见虿，出门兮触蠚。巷有兮蚰蜒，邑多兮螳螂"。虿，看语境应是指蝎子；屋里有蝎子，园子里有螽斯，走到街巷上有蚰蜒，城里面又有不少螳螂；寥寥几句，便能一窥当年襄阳的微观生态。清代的成鹫是广东人士，曾写下"螳螂不是当车者，接叶攀条隐绿丛"，不免是对螳螂拟态现象的精准描述。

诗词中以螳螂寄意更是常见。唐代著名诗人骆宾王曾在狱中写下："闻蟪蛄之流声，悟平反之已奏；见螳螂之抱影，怯危机之未安。"元代的金陵诗人谢宗可还专门为螳螂赋诗："螵蛸枝上化薰风，飞掠诗翁短帽中。鬓雪冷侵霜斧落，发云寒压翠裳空。为裁象齿形如在，试插蝉冠气尚雄。开卷寻行烦一指，不须当辙怒庄公。"而到清代，小说家蒲松龄在《聊斋志异》中有一则螳螂的奇异故事："见巨蛇围如碗，摆扑丛树中，以尾击柳，柳枝崩折。反侧倾跌之状，似有物捉制之，然审视殊无所见。大疑。渐近临之，则一螳螂据顶上，以刺刀攫其首，攧不可去。"这则"螳螂捕蛇"显然有浮夸的成分，但在现实生活中，大型螳螂捕食小型蛇类其实也并非空穴来风。

明代医药学家李时珍在《本草纲目》中对螳螂的记述相当细致："螳螂，骧首奋臂，修颈大腹，二手四足，善缘而捷，以须代鼻，喜食人发，能翳叶捕蝉。或云术家取翳作法，可以隐形。深秋乳子作房，粘著枝上，即螵蛸也。房长寸许，大如拇指，其内重重有隔房。每房有子如蛆卵，至芒种节后一齐出。"不仅写出了螳螂的形态特征，还对其卵块的结构及孵化时间有准确的描写；文中"喜食人发"则可能是对螳螂经常用口器清理触角的误解。

时至今日，传统医药依旧以螵蛸（oothecae）——螳螂的卵块——入药，称为"桑螵蛸"；被认为可治"遗精白浊，盗汗虚劳"等。除去用作传统医学的药材，很多地方的小朋友也和我讲述他们会收集螵蛸用火烤食，据说味道不错；而螳螂的成虫在今天也的确有地方依旧食用。2014年我在广西龙胜地区采集，当地的一位阿婆见我在寻找螳螂，便给我看她的收获，她在抓螳螂和蝗虫用来炸食。当我问她有没有带花斑的螳螂时，她说那些有毒，不能抓来吃——当然，其实这些花螳并没有毒。这位阿婆还和我讲翠绿色的大螳螂也不能吃，因为肚子里有虫子。显然，她讲的是铁线虫，而翠绿色的大螳螂就是指斧螳属 Hierodula 的种类。相比于刀螳属 Tenodera，斧螳属被铁线虫寄生的几率确实要高出很多。虽然阿婆并不认识螳螂的种类，但这些生活中的经验也很是准确。我并没能吃到她的收获，现在想想颇为遗憾，这些螳螂过油炸一下大约和蝗虫味道很像，应该也挺美味。

螳螂的螵蛸不止在中药铺中出现，也可能出现在宠物市场，甚至在网络销售。这是这几年才见到的现象，通常是用来喂养蜥蜴等宠物。这些卵块都是从野外采集的。而对于宠物喂养而言，用作活体饲料的黄粉虫、蟋蟀等的人工饲养已经十分成熟，这样消耗野外的螳螂种群实无必要，应予以抵制。一些时候，我们也能看到公园绿地的植物上会人工投放螵蛸，用作于广谱性的天敌昆虫。王天齐（1993）曾在《中国螳螂目分类概要》中介绍了人工饲料喂养螳螂若虫的方法，但实际操作的效果并不理想；并且因为螳螂的捕猎对象并无专性，科学投放更适于恢复整体生态而非专性防治虫害。诸多因素之下，将螳螂用于商品化的天敌昆虫，看起来似乎还有很长的路要走。

北京同仁堂药店中的中药格，"桑螵蛸"即为螳螂的卵块。打开可以看到，这里所用螵蛸为中华刀螳 *Tenodera sinensis* 的卵块，有时也能看到其他种的卵块

藏匿在花丛中的中华弧纹螳 *Theopropus sinecus sinecus*　摄于福建武夷山

螳螂深受各国人民关注。由于螳螂一动不动收起前足的姿态很像是在祷告的人，因而有个英文别称"praying mantis"；在中国各地，螳螂有着各式各样的地方名称：北方地区常称之为"刀郎""砍刀"，而粤语区及华南多地则常称之为"马郎狂"或"草猴"，古文中则常称之为"天马"。西方文化中，螳螂会被赋予预言家的含义；而中国华南的一些地方则认为螳螂是祖先幻化而来，并会教导儿童不要伤害。在世界各地的画作、雕塑等艺术作品中螳螂都不少见，也在有收藏价值的邮票中频繁出现。很多国家都刊发过螳螂主题的邮票，中国也曾于1990年出版过1枚中华刀螳 Tenodera sinensis 为主题的邮票。此外，很多动画作品中也能看到螳螂的身影。对于中国观众而言，最熟悉的莫过于《黑猫警长》了。在这部作品中，英勇灭蝗的螳螂夫妇新婚后，新娘吃掉新郎的情节可谓家喻户晓。我曾在微博上做过调查，绝大多数人对于螳螂交配时吃掉雄性的印象都是源于此处。或许是因为人们对螳螂捕食时"英勇"表现的观察和惊叹，明清时期，南北方的武术家各自开创出"螳螂拳"并流传至今，成为中国的传统武术流派之一。

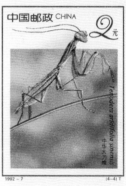

世界各国发行过的螳螂主题邮票

2012年哈萨克斯坦发行的螳螂主题纪念币，其中的螳螂物种为中亚斧螳 *Hierodula tenuidentata*

剪纸爱好者张海华女士所制作的螳螂窗花剪纸

我的好友张婷婷博士所制作的螳螂衍纸艺术品

丽斧螳属某种 *Camelomantis sp.*　摄于马来西亚婆罗洲

二 螳螂的身体结构

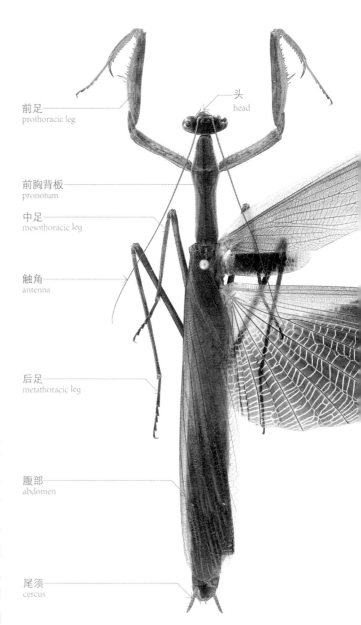

前足
prothoracic leg

头
head

前胸背板
pronotum

中足
mesothoracic leg

触角
antenna

后足
metathoracic leg

腹部
abdomen

尾须
cercus

和绝大多数的昆虫一样，螳螂的身体也可以分成头、胸、腹3个主要区域；在胸部具有3对足和2对翅——尽管有时翅会发生不同程度的退化。由于螳螂是不完全变态昆虫，因而这样的身体划分自它们孵化伊始就已经定型。

螳螂身体结构的划分和名称，以雄性云南惧螳 Deiphobe yunnanensis 为例

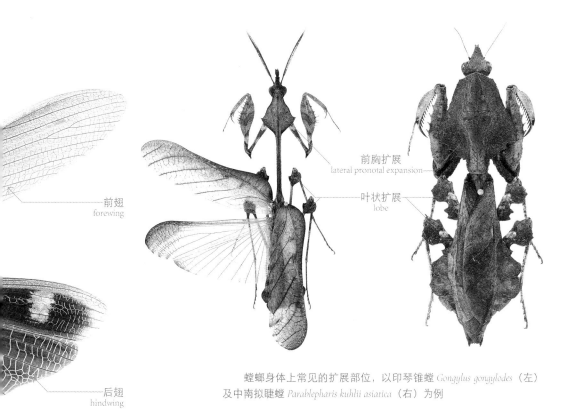

前翅
forewing

后翅
hindwing

前胸扩展
lateral pronotal expansion

叶状扩展
lobe

螳螂身体上常见的扩展部位，以印琴锥螳 *Gongylus gongylodes*（左）及中南拟睫螳 *Parablepharis kuhlii asiatica*（右）为例

　　尽管看起来螳螂体表光滑，但实际上多数螳螂的体表都覆盖有细小的绒毛，美洲的柔毛翠螳属 *Metriomantis* 尤其显著　朱卓青摄于哥斯达黎加

● 头

螳螂通常有一个较小、近三角形的头部；有别于多数昆虫，螳螂的头部非常灵活，并常会对靠近的物体做出灵敏转头的反应。所有的螳螂都有一对发达的复眼（compound eye），复眼的形状多样，通常为卵圆形，也可见长卵形、锥形等。很多螳螂的复眼端部还可能有尖锐的刺突以配合身体的拟态。复眼占据了螳螂头部的很大面积，为螳螂提供了良好的双目视觉。在螳螂的复眼中我们可以看到一个瞳孔般的小黑点，这个小黑点会随着观察者视角的变化而出现方位上的变动，使人们有一种螳螂在盯着自己的感觉；但实际上这只是复眼内的光学构象，并非真实存在的"瞳孔"，这个小黑点也会在螳螂死亡后消失。在夜晚或光线较暗的时候，螳螂复眼内的色素细胞会发生变化而使复眼变成深色，这有助于它们在暗光环境中吸纳更多的光线，以看清物体。

在 2 个复眼之间的额部，螳螂还具有 3 枚排列成三角形的单眼（ocellus），不过在一些物种中可能不明显；和其他昆虫一样，这些隆起的颗粒状结构能够敏锐地感受明暗变化，但不能成像。通常在同种螳螂中，雄性的单眼会比雌性的更大，这将有助于夜晚活跃的它们在暗光环境下寻找配偶。

螳螂的头顶通常平坦，但有一些科的物种在头顶存在角状物；这些角状物的起源并不一致，可能源于头顶部的单一延伸，也可能源于头部两侧的延伸物。在花螳科 Hymenopodidae 的屏顶螳属 *Phyllothelys* 中，头顶角状物的长度甚至可以达到头长的 3 倍以上。和其他昆虫一样，螳螂的触角（antenna）着生在单眼和复眼之间的触角窝中，触角的基节显著膨大。几乎所有螳螂都有丝状细长的触角，通常雌性的较细且短而雄性

正在面向镜头的宽胸菱背螳 *Rhombodera latipronotum* 雌性若虫，可以看到复眼中的"伪瞳孔"　摄于云南西双版纳

的较长且更粗，但触角长度超过身长的种类并不多见。由于触角各节的膨大，使得一些雄性螳螂的触角可能会显得十分粗壮。长颈螳亚科 Vatinae 的雄性个体的触角各节有小程度的扩展，使触角整体呈栉齿状；而锥螳科 Empusidae 的雄性个体的触角各节则有显著的长叶状延展，使触角呈羽状——这样的结构有助于它们在空旷的荒漠中捕捉空气中混杂的雌性螳螂的信息素。螳螂的触角通常为单一色彩——褐色或黑色——但一些物种也可能有明暗相间的黑白配色。

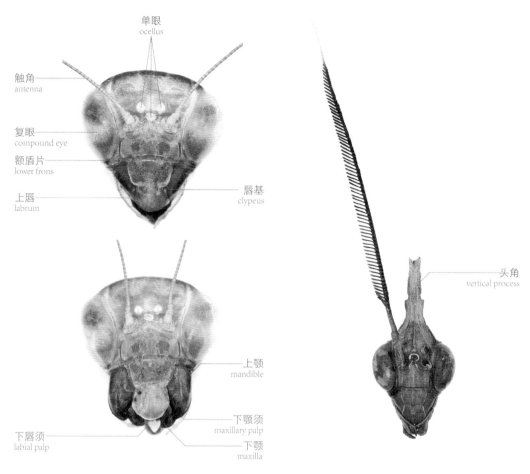

单眼
ocellus

触角
antenna

复眼
compound eye

额盾片
lower frons

上唇
labrum

唇基
clypeus

头角
vertical process

上颚
mandible

下颚须
maxillary palp

下唇须
labial palp

下颚
maxilla

螳螂头部结构的划分及名称。以薄翅螳 *Mantis religiosa* 及印琴锥螳 *Gongylus gongylodes* 为例，注意后者的羽状触角

雄性二斑彩螳 *Pliacanthopus bimaculata* 复眼的昼（左）夜（右）差异，在夜晚或暗光环境，螳螂的复眼常呈黑褐色，以吸纳更多的光线　摄于云南西双版纳

在触角基部至口器处的区域有一个近长方形的骨片，被称为额盾片（lower frons）。这个骨片的形状有时可作为区分螳螂种类的特征，一些螳螂的额盾片上可能有明显的脊，顶端还可能存有尖角。和所有的多新翅类昆虫一样，螳螂的口器也是标准的咀嚼式口器。在可活动的上唇（labrum）覆盖之下，是一对坚硬发达的上颚（mandible），左右上颚的内缘具有不对称的齿，以便于螳螂咀嚼食物；一对片状的下颚（maxilla）在咀嚼时起到辅助作用，每侧下颚上各附着有一根下颚须（maxillary palp）用于感知食物。下唇（labium）位于下颚后侧，下唇由左右两片附肢愈合而成，在两侧各有一根下唇须（labial palp）。口前腔中还有一个内含肌肉、可活动的袋状结构，被称为舌（hypopharynx），用于辅助吞咽食物并提供部分味觉。

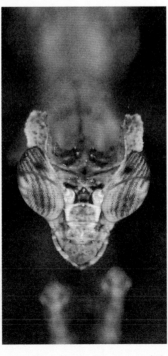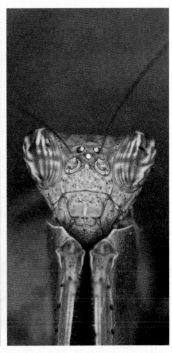

不同螳螂的头部差异。左侧为陕西屏顶螳 *Phyllothelys shaanxiense*，中为海南角螳 *Haania hainanensis*，右侧为霍氏异巨腿螳 *Astyliasula hoffmanni*，皆为雌性　分别摄于陕西周至（左），海南琼中（中、右）

● 胸

　　一提起螳螂我们总是想到标志性的细长"脖子"；但实际上也有很多螳螂并没有显著延长的前胸，它们的前胸背板不一定比蝗虫或蝥蠊更修长。前胸的加长显然是与捕捉足的存在相配合的，这有助于提供空间放置发达的捕捉足，也能辅助捕捉足伸向距离身体更远处的猎物。类似的，这样的结构适应也能在脉翅目的螳蛉科Mantispidae中见到。前胸背侧的骨板被称为前胸背板（pronotum），很多螳螂的前胸背板都有着配合拟态的各式修饰物。前胸背板向两侧的叶状扩展在各种拟叶螳螂中尤其常见：对于拟态鲜活树叶的物种，扩展物有着圆润整齐的边缘，就如真的绿叶那样；而对于拟态枯叶的物种，它们前胸扩展物的边缘也会如腐叶般有着不规则的轮廓、卷曲、甚至透斑。前胸背板的扩展物在同种螳螂的两性间常有显著的差异，由于雄性往往需要频繁的飞行，因而这个结构常比雌性薄弱。在一些箭螳族Toxoderini物种中，前胸背板还可能呈弓形以模拟弯曲的树枝；沿背侧可能会有竖立的扩展物，用于拟态枯枝上的真菌或杂物。在前胸背板中部靠前的位置常能看到1条明显的横向沟槽，称为横沟（supracoxal sulcus）；这样的沟槽对应着骨片向体内的延伸，以便附着发达的肌肉——这个位置对应的前胸腹面，就是有力的捕捉足的附着点。一些螳螂的前胸延长得非常夸张，在分布于亚洲南部的细颈螳属Euchomenella中，雌性螳螂前胸的比例甚至能达到总体长的2/3。

　　相比于前胸，螳螂中后胸的外骨骼并没有那么坚固发达；但在中后胸内同样容

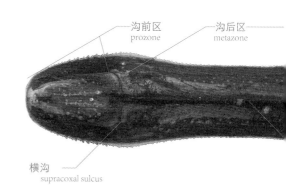

沟前区 prozone　　　沟后区 metazone

横沟 supracoxal sulcus

螳螂前胸背板结构的划分和名称，以雌性中华刀螳 *Tenodera sinensis* 为例

纳着发达的肌肉群，作用于中后足及翅的运动。有"听觉"作用的"耳"位于中后胸的腹面，这是个空腔状的结构，外观看起来就像个裂隙。这个"耳"的结构普遍存在于多数螳螂类群之中，个别种类无此结构，如美洲的旌螳总科Acanthopoidea。螳螂的"耳"在演化中曾多次出现，在不同的科中可能并不同源。螳螂的"耳"对超声波尤其敏感，主要用于飞行时防范蝙蝠的攻击；当飞行着的螳螂感受到蝙蝠发出的超声波后，便会立刻收起翅膀从空中跌落，以躲避袭击。

有耳螳螂的听觉器官。在中后胸腹侧的位置，以广斧螳 *Hierodula patellifera* 为例

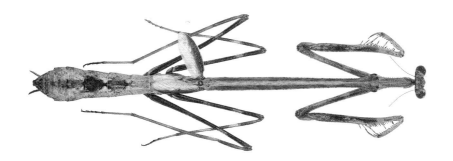

————中脊
medial keel

分布在亚洲南部的细颈螳属*Euchomenella*的雌性成虫，这是已知螳螂中前胸长度占身体比例最大的螳螂之一

各种螳螂形形色色的前胸背板。C、G 为中南拟睫螳 *Parablepharis kuhlii asiatica* 的雌雄两性，注意显著的两性差异

A. 叶胫螳属 *Ceratocrania*　　B. 琴锥螳属 *Gongylus*　　C. 拟睫螳属 *Parablepharis* 雄　　D. 螳属 *Mantis*

E. 菱背螳属 *Rhombodera*　　F. 广缘螳属 *Theopompa*　　G. 拟睫螳属 *Parablepharis* 雌　　H. 角螳属 *Haania*

I. 角胸螳属 *Ceratomantis*

● 足

　　所有螳螂的前足都是标准的捕捉足。和其他昆虫的足一样，螳螂的前足也包含基节（coxa）、转节（trochanter）、股节（femur）、胫节（tibia）、跗节（tarsus）等5个部分。基节的延长在昆虫的捕捉足中是一个普遍特征，这显然是与捕捉足向前伸出攫取猎物的作用相配合的。螳螂的前足基节通常修长，其上没有参与捕猎的刺，但很多种在背侧有用于伪装、交流或恐吓的齿突及扩展物，并常在内侧有鲜艳的色彩。最著名的莫过于分布于热带非洲的大魔花锥螳 *Idolomantis diabolica*：这个种前足基节背侧的扩展十分宽阔，内侧有明亮的斑纹可在遇到威胁时恫吓对手，这些色斑在紫外光下还能展现出特殊的荧光。

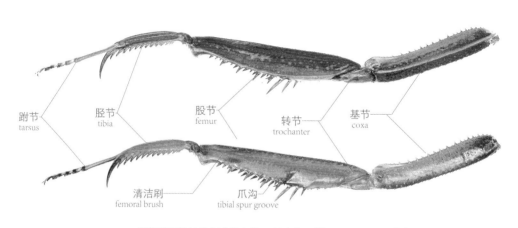

跗节 tarsus　胫节 tibia　股节 femur　转节 trochanter　基节 coxa

清洁刷 femoral brush　爪沟 tibial spur groove

螳螂前足结构的划分和名称，以中华刀螳 *Tenodera sinensis* 为例

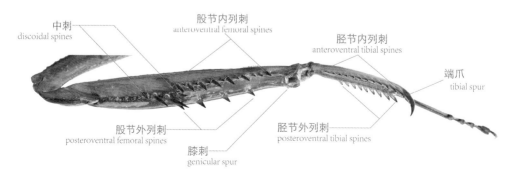

中刺 discoidal spines　股节内列刺 anteroventral femoral spines　胫节内列刺 anteroventral tibial spines　端爪 tibial spur

股节外列刺 posteroventral femoral spines　膝刺 genicular spur　胫节外列刺 posteroventral tibial spines

螳螂前足刺列的划分和名称，以中华刀螳 *Tenodera sinensis* 为例

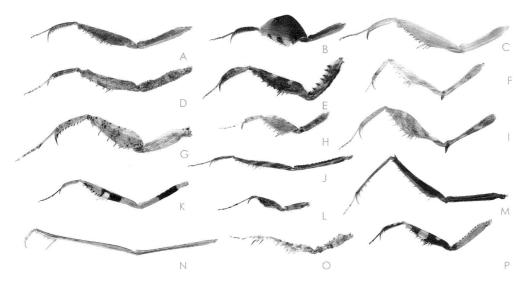

各种螳螂形形色色的前足

A. 枯叶螳属 *Deroplatys*　　B. 异巨腿螳属 *Astyliasula*　　C. 螳属 *Mantis*　　D. 枝螳属 *Ambivia*

E. 拟睫螳属 *Parablepharis*　F. 锥螳属 *Empusa*　　G. 广缘螳属 *Theopompa*　　H. 角胸螳属 *Ceratomantis*

I. 琴锥螳属 *Gongylus*　　J. 叶胫螳属 *Ceratocrania*　　K. 静螳属 *Statilia*　　L. 怪螳属 *Amorphoscelis*

M. 箭螳属 *Toxodera*　　N. 裂头螳属 *Schizocephala*　　O. 角螳属 *Haania*　　P. 屏顶螳属 *Phyllothelys*

　　基节前端是相对较短、不显著的转节，以衔接发达的股节。转节的存在也让螳螂的股节有更灵活的运动角度便于抓握猎物。相对于其他昆虫，螳螂的前足股节十分强壮，结实的外骨骼内含有丰富的肌肉群，用于在捕猎时提供力量压制猎物。除怪螳科 Amorphoscelidae 的一些物种外，螳螂前足股节的腹侧通常有内外两列刺：外侧的刺我们称为股节外列刺，这是固定不能活动的大刺，通常有 4 枚，但也有一些类群会更多或更少；内侧的刺称为股节内列刺，较小的内列刺常分为可动刺与固定刺并间隔排列，在形态描述上通常分别以"i"及"I"来表示。通常，在股节腹缘靠近基部的位置，还有 3—4 枚中刺，这些刺除基部 1 枚外通常可动，在捕捉猎物时能起到重要的固定作用。在股节内侧近端部的位置，有块密集毛簇的区域，这个结构就像小毛巾一样被螳螂用于清洁面部，我们称为清洁刷（femoral brush）；但在伪螳科 Mantoididae 中没有这样的特殊结构，它们的股节内侧柔毛分散，并不集中在特定区域。

螳螂前足股节的背侧有时会有装饰物或扩展，通常是小型的叶状物；但在花螳科 Hymenopodidae 的巨腿螳族 Hestiasulini 中，股节背侧的扩展物十分宽阔，看起来呈圆片状。这些巨腿螳会挥舞宽大的前足并展示股节内侧的斑纹用于种内交流和恫吓敌害。股节前端直接衔接胫节，通常情况下，胫节的内外侧各有一排不可动的刺，分别称为胫节内列刺与胫节外列刺；刺的数量因种不同而有很大差异；自胫节基部向端部，这些刺通常逐渐加长，但也偶有例外。胫节端部延伸而成的爪称为端爪（tibial spur），但在缺爪螳科 Chaeteessidae 和一些原始的化石科中没有这个结构。端爪长而锋利，与之配合的是在股节内侧的 1 条沟槽，这条沟槽恰好可以在胫节与股节合拢时容纳端爪，称为爪沟（tibial spur groove）。和其他昆虫一样，螳螂前足胫节的端部附着有发育完全跗节，这也让螳螂的前足在用于捕猎的同时并没有丧失行走功能。螳螂的前足跗节分一般为 5 小节，但在寡节埃螳属 Heteronutarsus 中它们的前足跗节仅含 4 节。通常第 1 跗节较长，其余 4 节短并有发达的、有黏性的爪垫，在第 5 跗节端部有 1 对爪钩，使得螳螂可以攀附、悬挂在附着物上。

螳螂的中后足为典型的步行足，用于行走，一些种类的后足稍显粗壮，能像蝗虫那样用于跳跃。和前足一样，螳螂的中后足也同样包含基节、转节、股节、胫节和跗节，但基节并不像前足般延长，因而和转节一样并不明显。在很多螳螂中后足股节上，配合拟态而出现的各色扩展物显得尤其有趣：占比例最宽大的叶状扩展来自于花螳科的冕花螳 Hymenopus coronatus，它们中后足上的半圆形叶状扩展贯穿整个股节，看起来就像花瓣一样；类似的结构在很多螳螂类群中普遍存在，不过有时候仅表现为很小的叶状物。股节扩展物通常出现在腹缘一侧，但也有一些属在背缘一侧也有扩展；在箭螳科 Toxoderidae 的一些属中，背腹两侧的扩展都十分发达，用于配合它们身体枯枝样的拟态。尽管多数螳螂的叶状扩展都出现在股节上，但一些属依旧把用于伪装的修饰发展到了胫节，例如花螳科的叶胫螳属 Ceratocrania 及幽灵螳属 Phyllocrania。

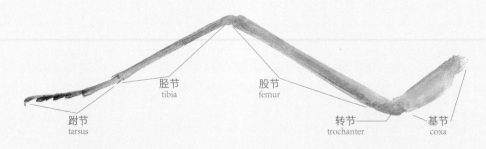

胫节
tibia

股节
femur

跗节
tarsus

转节
trochanter

基节
coxa

螳螂中后足结构的划分和名称，以雌性薄翅螳 Mantis religiosa 的中足为例

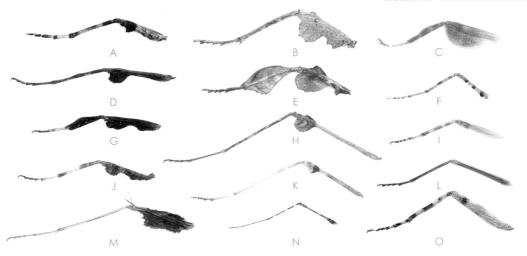

各种螳螂形形色色的中后足，注意扩展结构的特化

A. 枝螳属 *Ambivia*　　　　B. 拟睫螳属 *Parablepharis*　　　C. 花螳属 *Hymenopus*　　　D. 枯叶螳属 *Deroplatys*

E. 幽灵螳属 *Phyllocrania*　　F. 角胸螳属 *Ceratomantis*　　G. 叶胫螳属 *Ceratocrania*　　H. 琴锥螳属 *Gongylus*

I. 眼斑螳属 *Creobroter*　　　J. 屏顶螳属 *Phyllothelys*　　　K. 锥螳属 *Empusa*　　　　L. 静螳属 *Statilia*

M. 箭螳属 *Toxodera*　　　　N. 角螳属 *Haania*　　　　　O. 广缘螳属 *Theopompa*

　　和前足一样，螳螂的中后足上也均有发育良好的跗节，跗节同样分为 5 节；但分布在西亚地区的寡节埃螳属 *Heteronutarsus*，它们中后足跗节的第 3 - 5 节愈合因而仅剩 3 节，并有着高度不对称的爪，这是它们对在荒漠环境中快速奔跑的适应。螳螂各足跗节的 2 - 4 节常常有发达的垫状结构，这些结构上有密集的纤毛，可以帮助螳螂像壁虎一样攀附在光滑的物体上，例如叶片甚至玻璃；但一些地栖种，尤其荒漠种，这样的结构常常并不显著。这也使得我们可以通过标本来粗略判断这只螳螂的习性：跗节垫状结构发达通常对应着叶栖的习性，反之则通常喜好地栖或吊挂在枯枝之上。

　　侏螳科 *Nanomantidae* 的一些物种在跗节爪上具有梳齿状结构，这些结构有助于纤细的螳螂在多毛的植物叶背处攀附。图中为云南细螳 *Miromantis yunnanensis*　摄于云南普洱

● 翅

　　绝大多数的螳螂成虫都有两对翅脉密集的翅膀。和多新翅类的其他昆虫一样，螳螂的前翅通常窄长而结实，臀域很小，被称为覆翅。在前翅靠近前缘的位置，常常有一块加厚的结构，称为翅痣（stigma），一些种的翅痣可能因为独特的颜色而显得颇为明显。轻而薄的后翅则有着非常宽阔的、能做扇形折叠的臀域。在飞行时，后翅提供主要的动力，而前翅则在平时覆盖在后翅之上起到保护功能。对于长翅的螳螂种类而言，后翅形态通常差异不大，但前翅则因配合相应的拟态可能出现各式各样的特化：最普遍的便是前缘域的形变，这一点在放弃飞行的雌性螳螂中尤其常见；而对于雄性，因为寻觅配偶使得飞行成为翅的首要用途，它们的翅型则很少出现适应拟态的特化。这也为我们展示了繁殖压力对生物演化的至关重要的作用。

　　前翅前缘域不规则的扩展是拟态枯叶的螳螂所常见的特化现象。分布在中南美洲的旌螳科Acanthopidae 中的一些属，雌性的前翅则有非常夸张的延长区域，甚至超出体长之半。前缘域的规则加宽在拟态绿色鲜活树叶的种类中普遍存在；而在紧贴树皮生活的广缘螳属 Theopompa 中，前缘域同样非常宽阔，使得它们可以盖住难以藏匿的中后足，让它们更自然地贴合进环境背景。

螳螂的自然史　Natural history of Mantodea

分布在南美洲的带翅旌螳属 *Miracanthops* 的雌性成虫，注意前翅的带状延伸　朱卓青摄于哥斯达黎加

三角枯叶螳 *Deroplatys trigonodera* 的雌性。注意前翅前缘域不规则的枯叶状扩展　李超摄于泰国南部

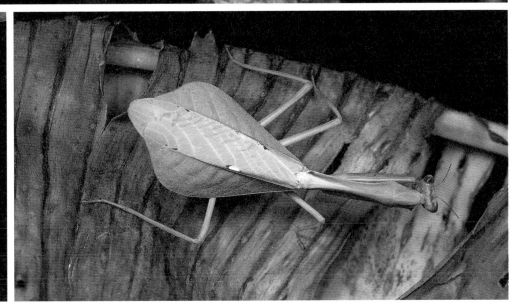

雌性的宽叶长颈螳 *Pseudoxyops* sp.。注意前翅前缘域轮廓规则的扩展　朱卓青摄于哥斯达黎加

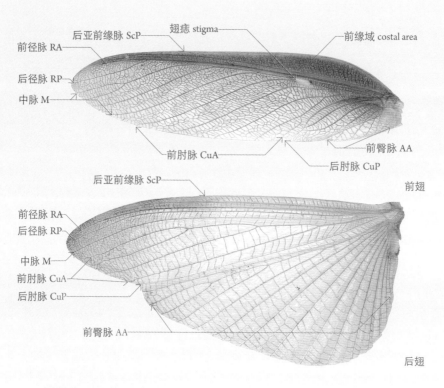

前径脉 RA
后亚前缘脉 ScP
翅痣 stigma
前缘域 costal area
后径脉 RP
中脉 M
前肘脉 CuA
后肘脉 CuP
前臀脉 AA
前翅

后亚前缘脉 ScP
前径脉 RA
后径脉 RP
中脉 M
前肘脉 CuA
后肘脉 CuP
前臀脉 AA
后翅

螳螂前后翅主要翅脉的划分和名称，以宽胸菱背螳 *Rhombodera latipronotum* 的雄性为例

除去翅发达的长翅种类，还有很多螳螂的翅膀显著缩短，尤其在雌性中常见。通常情况下，短小的翅膀之所以被保留都是因其有警戒的用途，因而这些种的后翅常常有鲜艳的颜色；当然，也有一些种类可能单纯的是翅膀退化尚未完全而留下了演化印记。另外，还有少数螳螂的成虫完全无翅，这通常仅发生在雌性身上；不过依旧有诸如 *Apteromantis*、*Geomantis*、*Holaptilon*、*Yersiniops* 等少数属的雄性螳螂也罕见的完全无翅。在中国乃至整个东部亚洲，诗仙蛩螳 *Didymocorypha libaii* 是唯一的两性皆无翅的螳螂。

正在交配的缺翅螳 *Arria sp.*。这个属的螳螂雄性翅非常发达，但雌性完全无翅　摄于云南贡山

正在交配的诗仙蝛螳 *Didymocorypha libaii*。这是东部亚洲唯一已知的两性皆无翅的螳螂　摄于西藏吉隆

◉ 腹部

如其他昆虫一样，腹部是容纳螳螂主要内脏器官的部位。螳螂的腹部分为 10 节腹板，腹部背侧的骨板称为腹背板，腹侧的称为腹腹板。一些螳螂的腹部还可能出现用于拟态的叶状扩展，多数出现在腹板侧缘，但也可能像姬螳属 *Acromantis* 若虫般出现在腹板中部；一些螳螂腹背板的中部也可能出现竖立向上的叶状延展；部分种的第 10 节腹背板还可能出现配合拟态的延伸，用于盖住外生殖器并使得它们背面轮廓看起来更加流畅自然。有些螳螂在腹板各节的基部有独特的色斑，这些色斑在正常生活时不会展示出来，而在遇到惊扰时，则会伴随腹部的拉伸而被展现。

雄性广斧螳 *Hierodula patellifera* 腹部腹板基部的色斑，在平常姿态时，这些斑纹被上一节腹板覆盖而不可见　摄于北京海淀

以中南拟睫螳 *Parablepharis kuhlii asiatica*（左）及广斧螳 *Hierodula patellifera*（右）为例观察螳螂的腹部。注意腹侧观时，两性腹节（雌左雄右）可见节数的差异

螳螂腹腹板的最后一个可见节，称为下生殖板，对应的是雌性的第 7 节和雄性的第 9 节——但由于基部一节的缺失，在视觉上分别是第 6 节和第 8 节。这一节的形状也是我们区分螳螂性别的一个重要依据：雌性螳螂近三角形并包裹住产卵瓣，而雄性螳螂则是一个平展的铲状结构并托住复杂的雄性外生殖器。一些生活在荒漠地区、将卵产于土中的螳螂的雌性个体，在第 6 节或第 7 节腹腹板上还可能存在坚硬的铲状或锥状结构用于挖掘。

多齿箭螳 *Toxodera denticulata* 的雄性若虫。可见腹部背侧的叶状扩展，这些结构在成虫中也会被保留，尤其在第 5 – 6 腹节上　旺达摄于云南西双版纳

梅氏伪箭螳 *Paratoxodera meggitti* 的雄性成虫。注意前胸、中后足及腹部背侧的扩展物　摄于云南西双版纳

怪螳属 *Amorphoscelis* 螳螂的尾须末节扁平而宽大　王冬冬摄于海南尖峰岭

在雄性螳螂的下生殖板端部通常有 1 对不分节的刺突，但在如异巨腿螳属 *Astyliasula* 这样的少数属中这个结构退化消失；需要注意的是，这对刺突相对脆弱，干制标本很可能被碰断而造成误判。所有螳螂的腹部末端都存在有 1 对分节的尾须 (cercus)。通常情况下，螳螂的尾须柔软而多毛，自基部向端部逐渐变细；但在一些属中，尾须形态可能出现独特的特化。箭螳科 Toxoderidae 各属的尾须扁平呈叶状，端部一节有时非常宽大，因而箭螳科曾经

也被称为扁尾螳科；怪螳属 *Amorphoscelis* 的尾须仅末节呈叶状，使得它们的尾须看起来像个扁平的小扇子。螳螂的尾须有着各式各样的作用：在交配时，雄性螳螂会用尾须碰触雌性的腹端来进行交流；而在产卵时，雌性螳螂也会通过尾须来感知产卵的方向并把控螵蛸的形状；一些叶状的尾须显然还有配合拟态的作用；对于怪螳属而言，它们会摆动夸张的尾须来让捕食者误判头部的方向——这就像一些灰蝶后翅上的尾突那样。

⊙ 雄性外生殖器

雄性螳螂的生殖器结构是物种鉴定的重要依据，包含右阳茎叶 (right epiphallus)、左阳茎叶 (left epiphallus) 及下阳茎叶 (hypophallus) 3 个主要骨片，后两者由膜质结构紧密相连。由于雄性外生殖器的高度不对称性，因此在背侧抱握住雌性的雄螳螂只能从特定的方向弯曲腹部来接触雌性——绝大多数螳螂都是从右侧，但原始的金螳科 Metallyticidae 种类则是以尾对尾的形态完成交配。

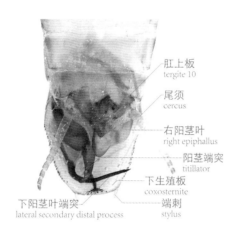

肛上板
tergite 10

尾须
cercus

右阳茎叶
right epiphallus

阳茎端突
titillator

下生殖板
coxosternite

端刺
stylus

下阳茎叶端突
lateral secondary distal process

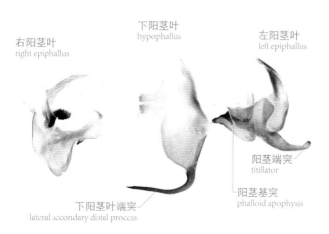

右阳茎叶
right epiphallus

下阳茎叶
hypophallus

左阳茎叶
left epiphallus

阳茎端突
titillator

阳茎基突
phalloid apophysis

下阳茎叶端突
lateral secondary distal process

螳螂雄性外生殖器及腹端结构的划分和名称，以广斧螳 *Hierodula patellifera* 为例

大多数螳螂的雄性外生殖器结构都如前文所示，但也有少数物种的雄性外生殖器方向完全相反。角螳科 Haaniidae 的海南角螳 *Haania hainanensis* 即为生殖器反向的物种，这个种的左侧生殖骨片发育成"右阳茎叶"，而右侧生殖骨片发育成"左阳茎叶 + 下阳茎叶"；这也使得雄性海南角螳在交配时，要从左侧方向弯曲腹部接触雌性。

螳螂的自然史

Natural history of Mantodea

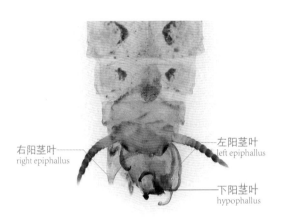

右阳茎叶
right epiphallus

左阳茎叶
left epiphallus

下阳茎叶
hypophallus

海南角螳 *Haania hainanensis* 的雄性外生殖器结构。注意这个物种的"右阳茎叶"实际在左侧，而"左阳茎叶 + 下阳茎叶"在右侧

一号在云南南部采到的宽胸菱背螳 *Rhombodera latipronotum* 雄性个体标本或许能为我们解释这种镜像现象的原因。这只雄性没有"右阳茎叶"结构，但却有一套镜面对称的"左阳茎叶 + 下阳茎叶"结构；或许在发育早期，有某种原因导致它本该发育成"右阳茎叶"的生殖骨片发育成了左侧该有的结构。这也许能说明雄性螳螂胚胎时的左右阳茎骨片皆能表达发育成"右阳茎叶"及"左阳茎叶 + 下阳茎叶"，因而在少数物种中，雄性外生殖器会演化出相反的结构。

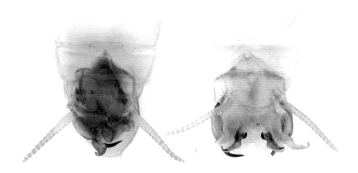

左图为宽胸菱背螳 *Rhombodera latipronotum* 正常个体的雄性外生殖器；右图为突变个体，这号标本没有"右阳茎叶"结构，却在右侧发育出一套与左侧镜面对称的"左阳茎叶 + 下阳茎叶"

◉ 色彩

　　我们常见的螳螂基本是各种程度的绿色或褐色，但也有少数螳螂呈现黑色、白色或明黄色。一些螳螂可能存在鲜明的斑纹，尤其是前足内侧及后翅；而在花螳科 Hymenopodidae 中，前翅的眼状斑并不少见，但更多的则是配合拟态的不规则色斑。螳螂的体色通常属于色素色，因为这些色素的化学结构并不稳定，所以在螳螂死后，会因各种原因发生褪色或变色——尤其在绿色的种类上会非常显著。标本的褪色或变色可能给鉴定和分类学工作带来一系列问题；另外，由于同种螳螂的个体差异可能很大，同种螳螂常常有多个色型，因而颜色也并不能作为区分物种的主要依据。

尽管多数螳螂都是单纯的绿色或褐色，但也有部分种体色鲜艳，如眼斑螳属 *Creobroter* 一般带有显著的斑纹　摄于广西南宁

许多螳螂同种内都有不同的色型差异，例如棕静螳 *Statilia maculata* 的绿色型和褐色型　摄于云南盈江

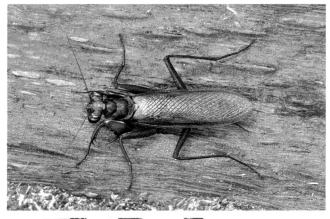

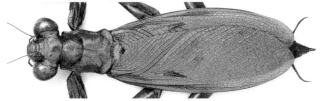

金螳属 Metallyticus 的螳螂因具有金属光泽的物理色而著名。而一些翅膀单薄透明的螳螂——包括小丝螳科 Leptomantellidae、侏螳科 Nanomantidae 或一些小型的花螳科 Hymenopodidae 种类——还可能会在翅面出现微弱的虹彩，这并不是翅上真实的颜色，而是来自轻薄的翅面对光线的薄膜干涉；这种现象在昆虫死去尤其干燥后会尤其显著，因而在标本上更容易被观察到。

分布在亚洲南部的金螳属 Metallyticus 是少有的具有显著金属色的螳螂。这种物理色来自昆虫体表的结构反光，因此并不会褪色

即使同一只螳螂，它的一生中色彩也并非一成不变。很多螳螂可能在一次蜕皮转龄后出现变色，常常是绿色和褐色的互换；这可能因光照、湿度等诸多环境因素所致。在成虫羽化定色后，螳螂的颜色通常就不再出现显著的转变，只是随着衰老而稍有加深。不过少数种依旧可能出现黄绿色的变化，而冕花螳 Hymenopus coronatus 则可能随身体状态而周期性地出现粉红色。另外，相比于生活在野生环境中的个体，在室内饲养环境下——或因缺乏阳光——很多绿色螳螂会出现偏蓝的体色，褐色种类也可能比野生个体色调更浅。

同一只冕花螳 Hymenopus coronatus 若虫在同一龄期内的颜色变化　　摄于云南西双版纳

自然环境中，中华刀螳 *Tenodera sinensis* 的
螵蛸。顺利的话，这样的螵蛸将孵化出超过
100 头若虫　摄于北京海淀

◉ 螵蛸

与多数昆虫不同，螳螂的卵被包裹在一个泡沫质的结构之中，这个由产卵器附近腺体的分泌物凝固而成的卵鞘常被称为螵蛸（oothecae）。每个螵蛸中卵粒的数量因螳螂物种的不同而有很大差异，从几粒到数百粒不等。因物种而异，螵蛸可能附着在石块、崖壁、树枝、树叶等多种环境，甚至一些螳螂会将螵蛸产于土中。螵蛸的结构有明显的分层：在包裹卵粒的卵室壁外侧有一定宽度的泡沫层，泡沫层外侧有时有相对结实的外壁；螵蛸背侧有结构相对疏松的孵化区域，孵化的若虫可以从这里钻出。在诸如异巨腿螳属 Astyliasula 的一些种类中，泡沫层的内外壁缺失，整个螵蛸完全由松散的泡沫构成。螵蛸有固定的方向性，起始端和结束端的衍生物在同一物种内通常相对稳定。一些螳螂的螵蛸的背侧末端还常常有丝状的附属物，这可能有助于新孵化的若虫攀爬。螵蛸的形态多样，但除少数属种外，多数螵蛸的色彩都是暗淡的黄褐色；很多螵蛸外壁坚固，因而孵化之后也可能在自然界中保存多年，尤其在湿度较低的北方地区。

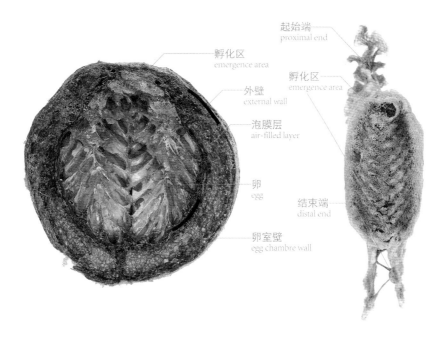

孵化区
emergence area

外壁
external wall

泡膜层
air-filled layer

卵
egg

卵室壁
egg chambre wall

起始端
proximal end

孵化区
emergence area

结束端
distal end

螵蛸的内外部结构及名称，以宽胸菱背螳 *Rhombodera latipronotum*（左）及中南拟睫螳 *Parablepharis kuhlii asiatica*（右）为例

部分中国有分布的螳螂的螵蛸

1. 广斧螳 *Hierodula patellifera*
2. 斧螳属 *Hierodula* sp.
3. 宽胸菱背螳 *Rhombodera latipronotum*
4. 宽阔半翅螳 *Mesopteryx platycephala*
5. 山生缺翅螳 *Arria oreophilus*
6. 中华怪螳 *Amorphoscelis chinensis*
7. 海南角螳 *Haania hainanensis*
8. 五刺湄公螳 *Mekongomantis quinquespinosa*
9. 库氏虎甲螳 *Tricondylomimus coomani*
10. 茅虹芒螳 *Heterochaetula straminea*
11. 明端眼斑螳 *Creobroter apicalis*
12. 冕花螳 *Hymenopus coronatus*
13. 中南拟睫螳 *Parablepharis kuhlii asiatica*
14. 壮姬螳 *Acromantis grandis*
15. 棕静螳 *Statilia maculata*
16. 中华刀螳 *Tenodera sinensis*
17. 宽斑广缘螳 *Theopompa ophthalmica*
18. 霍氏异巨腿螳 *Astyliasula hoffmanni*
19. 中南捷跳螳 *Gimantis authaemon*
20. 华丽孔雀螳 *Pseudempusa pinnapavonis*
21. 齿华螳 *Sinomantis denticulata*
22. 琼崖弧纹螳 *Theopropus sinecus qiongae*
23. 马氏艳螳 *Caliris masoni*
24. 大异巨腿螳 *Astyliasula major*
25. 云南惧螳 *Deiphobe yunnanensis*
26. 索氏角胸螳 *Ceratomantis saussurii*
27. 尖峰岭屏顶螳 *Phyllothelys jianfenglingense*
28. 中印枝螳 *Ambivia undata*
29. 云南亚叶螳 *Asiadodis yunnanensis*
30. 云南黎明螳 *Eomantis yunnanensis*
31. 格氏透翅螳 *Tropidomantis gressitti*
32. 浅色锥螳 *Empusa pennicornis*
33. 短额华缺翅螳 *Sinomiopteryx brevifrons*
34. 芸芝虹螳 *Iris polystictica*.

已经孵化过的弧纹螳 *Theopropus sp.* 螵蛸，可以清晰看到若虫钻出的孵化孔，螵蛸表面的泡沫层也已磨损殆尽　摄于云南西双版纳

孵化中的广斧螳 *Hierodula patellifera* (Serville, 1839) 摄于北京海淀

螳螂属于不完全变态（hemimetabolous）昆虫，它们自卵中孵化出以后，便有着与父母相似的外形；自小到大的成长只是体型的增加、翅及生殖系统的发育，在螳螂的发育过程中没有蛹期。和几乎所有的不完全变态昆虫一样，螳螂的一生包含卵（egg）、若虫（nymph）、成虫（adult）三个主要阶段。

● 卵

所有的螳螂都会产下由泡沫质分泌物包裹着卵粒的卵块，被称为螵蛸（oothecae）。因种而异，不同种螳螂的一块螵蛸内，卵粒数量从屈指可数的几枚至数以百计不等。卵粒表面光滑，几乎都是长卵形；而包裹卵粒的螵蛸形态则千差万别，一些种的螵蛸可能有复杂的修饰物和鲜艳的色彩。花螳族 Hymenopodini 的几个属能产下非常狭长的条状螵蛸，甚至能长于体长 2 倍以上；异巨腿螳属 Astyliasula 的螵蛸质感独特，如海绵一般柔软且富有弹性，并常常呈现明亮的鲜绿色；斧螳属 Hierodula 则常常产下非常坚硬的螵蛸，以应对捕食者的啃咬和小蜂的寄生；齿华螳 Sinomantis denticulata 的螵蛸悬挂在一根细丝之上，以应对蚂蚁对卵块的威胁；锥螳科 Empusidae 的一些种及伪箭螳属 Paratoxodera 的螵蛸则有复杂的花边状修饰物。虽然螵蛸的形态各异，但绝大多数螵蛸都能在背侧看到交错排列的孵化孔，在卵发育成熟后，小螳螂即从这里钻出。

尽管不同种的螳螂的螵蛸形态各异，但螳螂的卵的形态并没有太大差异，卵粒呈长卵形，稍弯，表面光滑。图示为棕静螳 Statilia maculata 的卵粒

◉ 前若虫

　　刚刚从卵中孵化的小螳螂以类似鱼的姿态扭动着离开螵蛸，这个阶段被称为前若虫（pronymph）。螳螂的前若虫被一根丝线连接在孵化孔处，这根丝线显然有对蚂蚁这样的捕食者的防御效果，同时使新孵化的身体柔弱的小螳螂与卵块迅速分开而又不至于跌落地面。而在如静螳属 Statilia 及虹螳属 Iris 这样将卵产在石隙中的种类，这根丝线则相应地变得非常短小，以应对它们非常狭窄的孵化空间。

　　悬挂在螵蛸上的前若虫在孵化后的一两分钟内就开始第一次蜕皮，蜕变成1龄若虫——我们把不完全变态昆虫的幼体称为若虫，以别于完全变态昆虫的幼虫。这次蜕皮后，小螳螂即宛如父母的微型翻版，它们在这次蜕皮完成后即快速分离，扩散到周围环境中去。

刚刚从卵中孵化的前若虫身体蠕动着从螵蛸孵化口钻出。前若虫的附肢紧贴在身体上并没有运动能力，它们靠一根丝线从螵蛸孵化口处悬下，并在短时间内迅速进行第一次蜕皮。图示为广斧螳 Hierodula patellifera 的前若虫　摄于海南海口

螳螂的前若虫会立刻进行第一次蜕皮转变为1龄若虫，1龄若虫可以灵活地自由运动，并迅速顺着丝线攀爬回螵蛸，之后散到周围环境之中。图示为广斧螳的前若虫及刚刚蜕皮的1龄若虫　摄于海南海口

◉ 若虫

　　1龄若虫完全无翅，生殖系统也尚未发育；但在这个阶段，雌雄已然可以分辨。

　　螳螂的1龄若虫常常会有不同于其他若虫阶段的外貌和色彩，这与它们的拟态相关：例如原螳族 Anaxarchini 的1龄若虫黑色，并拟态蚂蚁；冕花螳 Hymenopus coronatus 的1龄若虫则红黑相间，拟态小型蝽类。在之后的各个龄期中，这些小螳螂的样貌将逐渐向成虫过渡。一部分螳螂的若虫腹部会向背侧翘起，使得宽大的腹部紧贴在背侧，这一点在花螳总科 Hymenopoidea 中尤其普遍，其他科中也偶有出现该行为特征的属，如螳科 Mantidae 中的斧螳亚科 Hierodulinae 和枯叶螳科 Deroplatyidae 等。

　　有翅螳螂的1－4龄若虫基本看不到翅芽结构，中后胸节背板的形态与腹背板差异不大。图示为中华刀螳 Tenodera sinensis 的若虫　摄于云南昆明

和所有昆虫一样，螳螂若虫的每次长大都要经过蜕皮，每蜕皮 1 次，若虫便长大 1 龄。通常小型螳螂蜕皮 6—7 次即可成虫，而大型螳螂则需要 8 次左右。同种螳螂不同性别的蜕皮次数也可能存在差异。对于中大型种，雄性常常比雌性少蜕皮 1 次就达到成虫，在体型差异比较极端的冕花螳 Hymenopus coronatus 中，雄性的蜕皮次数比雌性少 2 次，仅 6 次蜕皮即可成虫；而对于多数小型种，两性的蜕皮次数则没有差异。

和很多节肢动物一样，螳螂也有一定的断体再生能力。伴随着若虫的蜕皮，损伤的断足、触角等附肢结构可以再生。但因营养积累和损伤程度而异，修复的过程可能需要经历不止 1 次蜕皮才能完成。这也意味着龄期越大时的损伤，完全再生的可能性就会越低，因为到成虫阶段之后，螳螂就没有再蜕皮的机会了。这也使得我们可能会遇到足的大小不对称的个体；较小的一侧，通常就是没有完全复原的再生足。不过，躯干的创伤则因常伴随体液的过多丧失、严重的结构损伤等问题而直接导致死亡。

若虫蜕皮常发生在湿度较高的夜晚，绝大多数螳螂需要以吊挂的姿势借助重力完成蜕皮。图示为蜕皮中的中华刀螳 Tenodera sinensis 的若虫　摄于陕西华阳

通常，在第 5 龄时，螳螂若虫翅的雏形——也就是翅芽——开始出现并随着每次蜕皮而逐渐增大。尽管在大龄时，螳螂若虫的翅芽会比较明显，但我们依旧可以通过没有清晰分明的翅脉结构来判断这是若虫，而非短翅种类的成虫。在成虫前的最后一龄时，若虫的翅芽会非常显著，并在羽化前夕膨胀；这时甚至可以透过表皮看到其中蜷缩着的翅脉结构。

有翅螳螂大龄若虫可以一定程度地看到翅芽，末龄时翅芽尤其显著。图示为中华刀螳 *Tenodera sinensis* 的若虫　摄于北京西山

当末龄若虫临近羽化成虫前，翅芽内的翅膀已经发育充分折叠其中，因而会使翅芽膨胀，甚至可以透过表皮看到新翅膀的颜色。图示为临近羽化的中华原螳 *Anaxarcha sinensis* 的若虫　摄于福建武夷山

当末龄若虫（later nymph）足够成熟，它们就将迎来一生中的最后一次蜕皮。螳螂的羽化过程较为漫长，并伴随着一定时长的停食，一些大型种可能在羽化前数天便停止进食。和各个龄期的蜕皮一样，绝大多数螳螂需要以倒吊的姿势完成，一些大型种的羽化可能要消耗数个小时。羽化的整个过程与各龄蜕皮并没有本质区别，但在这次蜕皮过程中，在末龄若虫期的翅芽中蜷缩的翅，将通过翅脉中流经的体液被彻底舒展开来。舒展开的翅在逐渐变硬后会折叠并合拢在背侧，就如成熟的成虫那样。

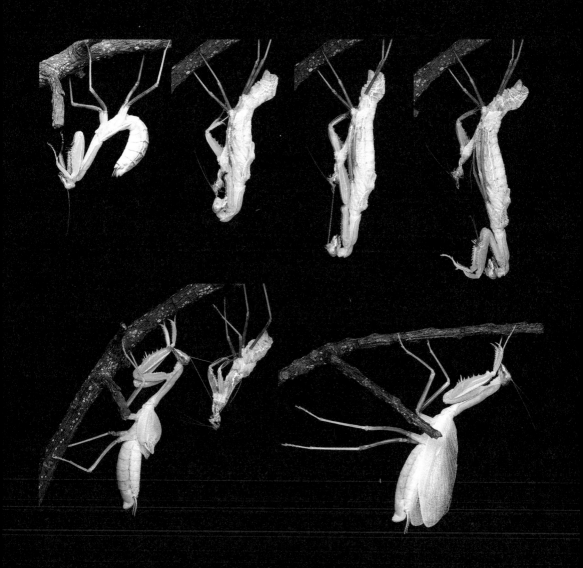

污斑斧螳 *Hierodula maculata* 的羽化过程，绝大多数螳螂都以倒吊的姿态完成蜕皮　朱卓青摄

◉ 成虫

羽化完成后，新成虫的螳螂还需要经历较长的成熟期，并需要持续进食。在新羽化的几天内，螳螂的身体依旧柔软，不同种的螳螂需要消耗数天甚至数周的时间才能让身体达到成熟个体的硬度和颜色；成熟期的时长通常与体形成正比，越大型的螳螂成熟期通常也就越长。成熟后的雄性螳螂食量会变得很低，它们常常无心捕猎，积极地到处寻找雌性完成交配；而雌性则会伴随着腹内卵的成熟而变得更有捕食欲望和攻击性。和其他有翅昆虫一样，螳螂在成虫后便不再蜕皮，它们的身体也在成虫后逐渐转向衰老直至死亡。

极偶然的，两性嵌合的个体可能会存活到成虫。和其他昆虫一样，两性嵌合体的成虫标本罕见，它们在同一个体上可以见到雌雄两性的特征，有时会在身体两侧分别表达。图为产自非洲的树枝螳 *Popa sp.* 雌雄嵌合体标本　张嘉致提供

新羽化的中华斧螳 *Hierodula chinensis* 的雌性成虫　朱卓青摄于浙江天目山

衰老死亡的雌性广斧螳 *Hierodula patellifera*。可以看到身体上的伤痕和破损，因为成虫后不再蜕皮，这些创伤也不能被修复　摄于北京西山

交配中的薄翅螳 *Mantis religiosa* (Linnaeus, 1758)　摄于河北蔚县

四 螳螂的生活

◉ 捕食

　　和所有动物一样，获得并吃下足够的食物是让螳螂能生存下去的最重要的生活行为。已知的所有螳螂都以敏锐的视觉发现、依靠发达特化的前足攫取并控制猎物；尽管强有力的捕捉足能严重地创伤或损坏猎物的身体结构，但被控制的猎物并不会被刻意杀死，而是被咀嚼式口器直接啃咬，直到猎物因肢体破碎而失去活性。螳螂的猎物几乎都是昆虫或近缘的陆生节肢动物。这并不是因为它们对昆虫的偏好，而是因为在所处的环境中，在螳螂可控的体型范围内的小动物几乎全是昆虫；这也意味着对于大型螳螂而言，小型脊椎动物依旧可能出现在它们的菜单之上。小型鸟类是最常见的非常规猎物，各个大洲都存在有能力捕猎小鸟的螳螂。另外，小型啮齿动物、鼩鼱、蛇、蜥蜴、蛙都有被螳螂捕食的记录。总而言之，只要力所能及，螳螂对猎物常常并无选择。伴随着饥饿程度，螳螂对猎物大小的选择常呈反向相关；同时，它们在并不饥饿时对猎物身体部位的选择也会变得挑剔，内脏、翅膀和身体坚硬部分常会被丢弃，尽管在饥饿时这些部分也会被仔细地吃掉。

中华刀螳 *Tenodera sinensis* 在取食尺蛾科幼虫。螳螂以锋利的咀嚼式口器将猎物切割成小片吞下，图中可以看到，螳螂在进食时有时会避开猎物的消化道，尤其对于消化道内含有大量植物性食物的猎物　摄于湖南凤凰

一只冕花螳*Hymenopus coronatus*雌性若虫正在啃食黄粉蝶，这些出色的拟花螳螂吸引各类访花昆虫靠近并捕食它们　余文博摄于云南西双版纳

中华刀螳若虫正在捕食广斧螳 *Hierodula patellifera* 若虫。即使同种，大个体的螳螂也有可能捕食小个体的同类，但依旧有很多螳螂种内有复杂的识别行为，以避免冲突　摄于北京西山

虽然绝大多数螳螂并没有特殊的捕食偏好，但一些习性或形态独特的类群依旧可能有比较专一的食性。例如在树干上活动的怪螳属 Amorphoscelis 非常善于以细小的前足灵巧地攫取身旁经过的蚂蚁；在亚洲东南部分布的箭螳族 Toxoderini 的种类则偏好捕食蝴蝶，它们捕捉足上纤细的直立长刺很适合卡住蝴蝶这样有宽大翅膀但反抗能力较弱的昆虫；而南亚荒漠地区分布的二角裂头螳 Schizocephala bicornis 尽管体型甚大，前足却非常细小精致，以便于在灌木丛的间隙中捕捉飞来飞去的小型蝇类。尽管通常情况下，螳螂的确是守株待兔型的捕食者，但并不妨碍它们也会在一定情况下主动追击猎物，这一点在一些小型花螳身上尤其显著。在适宜的环境中，视觉敏锐的齿螳属 Odontomantis 物种会主动追击距离自身超过 50 厘米的猎物，这段距离几乎是它们体长的 20 倍；这些积极的捕食者也勇于挑战大型猎物，饥饿时甚至能捕猎体型接近自身 2 倍的昆虫，并在猎物激烈的反抗翻滚中依旧不放弃啃咬。

正在捕食斑透翅蝉的广斧螳 Hierodula patellifera。螳螂并不会刻意杀死猎物，而是在控制住猎物后即开始啃咬，猎物通常死于身体结构的过度破损　摄于北京海淀

　　藏匿在花丛中等待猎物的透翅眼斑螳 *Creobroter vitripennis*。一些花螳科物种对花丛有明显的趋性，它们会依靠斑驳的色彩将自己藏匿在花丛中，以便捕捉前来的访花昆虫。这样的行为在眼斑螳属 *Creobroter*、弧纹螳属 *Theopropus* 及齿螳属 *Odontomantis* 中尤其普遍　摄于湖南凤凰

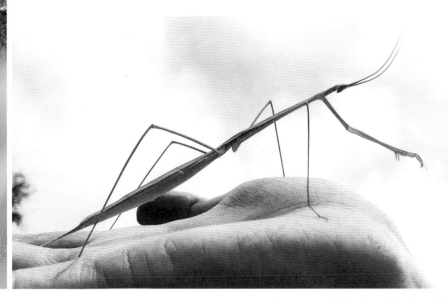

　　前足高度特化的二角裂头螳 *Schizocephala bicornis*，双翅目昆虫是它们的主要食物　刘锦程摄于巴基斯坦

弧纹螳 *Theopropus sp.* 丢弃了捕到的锦斑蛾。这些斑蛾能分泌有异味的液体用于防御，但在这个例子中，弧纹螳依旧取食了斑蛾的头部和一部分胸节。这些花螳常常会捕猎体型很大的猎物　摄于云南西双版纳

　　值得一提的是，一些昆虫的防御手段在应对螳螂的攻击时同样有效。在实际观察中，棉蝗 *Chondracris rosea* 的剧烈挣扎可以迫使中华刀螳放弃捕猎；广东的长翅齿螳 *Odontomantis longipennis* 会主动捕捉它们发现的通草蛉 *Chrysoperla* sp. 及美苔蛾 *Miltochrista* sp.，但常常会在啃咬的瞬间丢弃这些有显著异味的猎物，这也说明螳螂的捕猎完全依靠视觉；在云南，观察到弧纹螳 *Theopropus* sp. 丢弃已经啃咬掉一部分的锦斑蛾 *Chalcosia* sp.，这

意味着饥饿的螳螂曾试图忍受斑蛾的化学防御。不过在北京的观察中，广斧螳 *Hierodula patellifera* 有时依旧能取食异味显著的茶翅蝽 *Halyomorpha picus*，这些对到手猎物的取舍行为显然也和螳螂的饥饿程度有一定相关。有着鲜艳警戒色的昆虫同样会被螳螂捕捉，尽管一些时候会因确实不适于取食而被丢弃；这也说明了昆虫的这些鲜艳警戒色对于螳螂而言并不奏效。

栖息在荒草丛中的中华刀螳 *Tenodera sinensis* 若虫。
与环境相近的保护色是螳螂拟态最普遍的形式　摄
于云南昆明

◉ 拟态

　　虽然螳螂有着出色的捕食能力，但在整个生态系统中依旧要面对诸多天敌和敌害。自孵化伊始，小螳螂就开始受到蚂蚁、蜘蛛、猎蝽等各类捕食性节肢动物的威胁；当然，威胁也可能来自其他种类的螳螂甚至体型较大的同类。鸟类及食虫的小哺乳动物、蜥蜴和蛙常常是贯穿螳螂一生的主要天敌。随着螳螂的成长发育，在体型增大后，能对它们造成威胁的天敌也会逐渐减少。

　　面对如此众多的威胁，隐藏自己不被发现，是最常见的自卫手段。拟态现象在动物界中普遍存在，尤其对于处在食物链底层的昆虫而言。精妙的拟态与伪装有助于让昆虫躲过众多捕食者——尤其是脊椎动物——的目光，螳螂同样也不例外。大多数螳螂都有着出色的拟态与伪装，从绽放的花朵到新鲜的叶片、从布满地衣的树干到着生真菌的枯枝、再到枯叶苔藓甚至其他危险昆虫或石块粪便，自然界中不被捕食者青睐的物体都会有不同种类的螳螂拟态伪装；而为了"配合"这些拟态，螳螂在外形上的可塑性也着实令人惊叹。

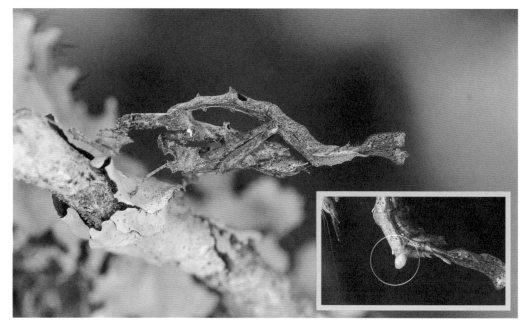

很多螳螂的若虫都有折叠腹部的习惯，这或许更有利于它们拟态隐藏自己；这在美洲的旌螳科 Acanthopidae 和旧大陆的花螳科 Hymenopodidae 中尤其普遍。图中为分布在南美洲的叶尾旌螳属 Stenophylla 的若虫，据最新的发现，Schwarz & Glaw (2021) 指出本属的雌性成虫在腹部背侧具一可翻出膨胀的腺体并猜测用于吸引雄性；但在与多位螳螂饲养者的私人通讯中证实这一腺体自若虫起就有出现，并在雌雄若虫均有发现　杨玺宇提供

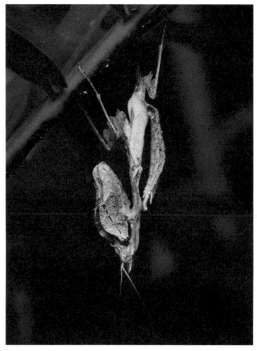

螳螂的拟态常常伴随着独特的动作：中南拟睫螳 Parablepharis kuhlii asiatica 的雄性若虫在受到惊扰后，由平常的放松状态进入到更像枯叶的拟态状态。图中可以看到，螳螂扭转腹部和身体、伸展前足、压低中后足，尽力让自己看起来不像一只昆虫　张嘉致摄于海南尖峰岭

拟态白色花朵以吸引访花昆虫的冕花螳 *Hymenopus coronatus* 若虫。注意前胸基部的绿色和腹部基部的红褐色纵纹　摄于云南西双版纳

　　谈及螳螂的拟态案例，最著名的莫过于分布在亚洲南部的冕花螳 *Hymenopus coronatus*。冕花螳也常被称为兰花螳螂（orchid mantis），这种大型的白色花螳在亚洲南部的雨林环境中不算少见，我国云南南部地区也有自然分布。但与我们自幼从纪录片及科普读物中了解到的不同，冕花螳的拟态并不是把自己藏匿在花丛之中。实际上，在自然环境中，它们也很少出现在花朵之上。对于冕花螳而言，它们拟态的意义在于暴露自己，让访花昆虫认为它们是真实的花朵而自投罗网；因而这些螳螂更喜欢安静地停在林下绿叶之上，以便让路过的访花昆虫能一眼看到它们——这样的拟态我们称之为攻击型拟态。冕花螳的若虫对花朵的拟态堪称完美：中后足的半圆形扩展配合扁宽的腹部像极了花朵的花瓣，前胸基部的一道绿色斑则如花梗。有研究表明，冕花螳若虫腹部背面的紫红色细纹，有拟态花朵上为昆虫指向蜜腺的指示纹路的作用，这能让访花昆虫毫不犹豫地径直冲来。

躲在叶片背侧的宽胸菱背螳 *Rhombodera latipronotum* 若虫。在世界各地的热带地区，多个不同的螳螂类群均演化出了宽大的胸部扩展来拟态树叶　摄于云南西双版纳

明暗相间的体色常常能很好地破坏动物轮廓。例如这只依靠斑驳色彩将自己隐藏在花丛中的中华弧纹螳
Theopropus sinecus sinecus　摄于广西桂林

　　对植物的叶片——无论是鲜活树叶还是枯叶——的拟态是螳螂拟态中最为普遍的现象。各类绿色螳螂多少都有对植物叶片的拟态效果，最著名的莫过于热带美洲的叶螳属 *Choeradodis*，而在亚洲，亚叶螳属 *Asiadodis* 及菱背螳属 *Rhombodera* 也是颇为出色的绿叶模拟者。这些螳螂前胸的扩展通常宽阔且轮廓圆润规整，如新鲜而富有活力的绿叶一般；叶螳属的体表甚至能如雨林中宽大长寿的树叶般附生多种藻类和地衣，这些共生者能令螳螂的拟态效果更加逼真。角螳科 Haaniidae、花螳科 Hymenopodidae 及细足螳科 Thespidae 的一些物种会巧妙地拟态苔藓或地衣，这些螳螂普遍生活在湿度较高的云雾森林之中，藏匿在布满苔藓和地衣的环境中。

栖息在天南星科植物上的斯氏叶螳 *Choeradodis stalii*。分布在热带美洲的叶螳属是非常著名的拟态绿色的螳螂，在这类长寿螳螂的体表，甚至能逐渐附生多种地衣和苔藓，使得它们的拟态天衣无缝　朱卓青摄于哥斯达黎加

与拟态鲜活树叶的螳螂不同，拟态枯叶的螳螂常常有着边缘撕裂且不规则的扩展物，这显然因为自然环境中的枯叶经常有着破损的边缘。亚洲的枯叶螳属 *Deroplatys*、拟睫螳属 *Parablepharis* 及非洲的幽灵螳属 *Phyllocrania*、宽胸螳属 *Brancsikia*，皆是著名的"枯叶螳螂"；在热带美洲，旌螳科 Acanthopidae 的物种在对枯叶的拟态上也同样出色。这些"枯叶螳螂"常常在前胸、足、翅和腹部"做足文章"，让它们看起来非常像是卷曲破败的枯叶；在行为上，它们也会在受到惊扰后吊挂着来回摆动，使得自己看起来真如风中摇摇欲坠的枯叶一般。尽管亲缘关系并不算近，但分布在不同地区的这些螳螂在外形上出奇的相似，这也展现了趋同演化的力量。

著名的拟态枯叶的螳螂丽纹枯叶螳 *Deroplatys lobata* 的雌性成虫。枯叶螳属的物种在前胸、足、翅上都有适应于枯叶拟态的特化结构　刘晔摄于马来西亚

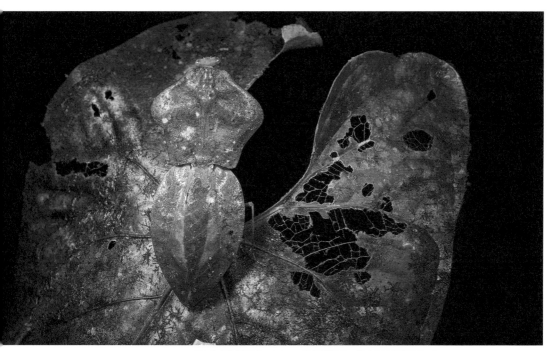

分布在中国华南地区的角胸屏顶螳*Phyllothelys cornutum*。这是难得一见的珍奇螳螂，它们的身体有着丰富的苔藓状修饰物；这些螳螂栖息于中高海拔的森林之中　摄于福建武夷山

旌螳科Acanthopidae的美旌螳属*Metilia*的雄性个体，翅的形状和颜色与破损的叶片配合得天衣无缝　朱卓青摄于哥斯达黎加

除去叶片花朵，在世界各地也都有不同的螳螂类群拟态树枝。最为经典的对枯枝拟态的螳螂，当属著名的箭螳科Toxoderidae物种，其中的翘楚则是亚洲东南部分布的箭螳族Toxoderini螳螂。这类修长螳螂的前胸常呈显著的弓形弯曲，以模拟枯枝的弧度，它们中后足股节及腹部背侧的宽大的不规则扩展物用于拟态真菌或地衣等在枯枝上可能出现的附生物。这些修长但结实的螳螂也包含了世界上体长最长的螳螂：大箭螳Toxodera maxima的体长可以接近夸张的170毫米，尽管非洲的硕杆铆螳Ischnomantis gigas可以稍微超过这个数据，不过对于后者而言，它的体长中有数厘米为肛上板的延伸物。

对于粗壮的树枝甚至树干，一些螳螂则特化出扁片的体型干脆贴附上去。亚洲的广缘螳属Theopompa和石纹螳属Humbertiella常被形象地称为树皮螳螂；这些扁平的褐色螳螂非常适应在树皮上活动，它们的前足甚至铺展在前胸两侧而非像其他螳螂那样位于前胸下方，这样可以让它们更紧密地贴在树干之上。广缘螳属Theopompa的前翅前缘域变得非常宽阔，可以盖住中后足，让它们更好地融入环境之中。有趣的是，尽管关系并不接近，但非洲的鞑螳科Dactylopterygidae和美洲伶螳科Liturgusidae中的部分种也都特化出了相似的结构配合拟态。

栖息在树干上的广缘螳 *Theopompa sp.*。注意前翅宽大的前缘域　摄于马来西亚

栖息在枯枝上的梅氏伪箭螳 *Paratoxodera meggitti*。箭螳类因出色的拟态而著名，即使近在眼前也让人难辨轮廓
摄于云南西双版纳

拟态鸟粪的索氏角胸螳 *Ceratomantis saussurii*。这些小型螳螂的配色很像是掉落在叶片上的鸟粪

生活在北非的寡节埃螳 *Heteronutarsus* sp.。这是一类高度特化的沙漠种，注意独特的跗节结构，这也是唯一一类跗节分节数少于 5 节的螳螂

除此之外，一些花螳科 Hymenopodidae 和锥螳科 Empusidae 的螳螂有着明暗相间的斑驳色彩，有助于它们藏匿在植物的花丛之中；分布于西亚荒漠地带的埃螳属 Eremiaphila 则有着状如石砾的外形来融进环境。花螳科

的角胸螳属 *Ceratomantis* 是少有的拟态鸟粪的螳螂种类，体态短胖的雌性尤其逼真；显然，对于螳螂的主要天敌鸟类而言，自己的粪便是最提不起食欲的了。

非常独特的冕花螳 *Hymenopus coronatus* 和肖花螳 *Helvia cardinalis* 的 1 龄若虫，有着十分大胆的体色搭配。这些红黑配色的小螳螂很可能是蝽类的拟态者，至少从人类的视角来看，它们非常像那些有毒的猎蝽或其他蝽类的若虫。然而这样的拟态仅维持在 1 龄阶段，到 2 龄的时候它们就变得像朵小花一样了　摄于云南西双版纳

　　此外，还有一些螳螂存在对其他昆虫的拟态现象：花螳科原螳族Anaxarchini的低龄若虫有明显的拟蚁现象，这在美洲的多类螳螂中也能见到。对于这些微小脆弱的螳螂若虫而言，拟蚁看起来是个很成功的选择，毕竟多数食虫者都对蚂蚁没什么兴趣；但当龄期较大之后，这些螳螂就逐渐放弃了对蚂蚁的拟态，而渐渐变得更像成虫。红黑相间的冕花螳*Hymenopus coronatus*的 1 龄若虫看起来很像是小型蝽类。分布在印度阿萨姆及周边地区的金色耀螳*Nemotha metallica*则是少有的几种拟蜂螳螂之一，黄黑相间的体色在螳螂中罕见（见第五部分）；金色耀螳在行动时也会做出类似蜂类行动时的颤抖，亮黄色的腹部末端还能做出模拟蜇刺的动作——类似的

行为也出现在美洲的蜂型伪螳属*Vespamantoida*之中。值得一提的是，金色耀螳的一生至少拟态了 3 类昆虫。如同原螳族的其他属一样，它们的 1 龄若虫是拟蚁者；而大龄若虫的形态则与树栖的缺翅虎甲*Tricondyla*颇为相似——这些虎甲或因难以接受的味道而不被捕食者青睐，蝓斯科细颈蝓属*Leptoderes*的若虫也同样精准地拟态它们。最令人咋舌的，对缺翅虎甲*Tricondyla*的精准模拟者，无疑是跳螳科Gonypetidae的库氏虎甲螳*Tricondylomimus coomani*。这种珍奇的亚洲螳螂的前翅甚至特化出了宛如虎甲鞘翅的弧形隆起，并以凹陷的翅室模拟了虎甲鞘翅上的刻点，就如同真的缺翅虎甲一样，这些黑色且富有光泽的螳螂也会在树干上敏捷攀爬。

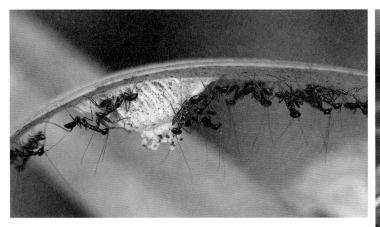

新孵化的齿螳属 *Odontomantis* 若虫。如同密集的小蚂蚁　黄仕傑摄于台湾

齿螳属的 1 龄若虫。它们看起来非常像是蚂蚁，行动上也颇为相似。这些若虫拟蚁的螳螂，在长到比多数蚂蚁体型都大了之后，通常就逐渐蜕变成接近成虫的模样和色彩

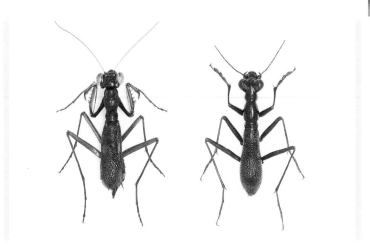

库氏虎甲螳 *Tricondylomimus coomani*（左）与缺翅虎甲 *Tricondyla*（右）。注意螳螂头胸部及翅的特化，与缺翅虎甲的形态如出一辙　标本皆采自云南西部

做出警戒动作的大魔花锥螳 *Idolomantis diabolica*。这个分布在非洲的经典种的前足内侧在紫外光下可产生荧光。很多螳螂在前足内侧都有着鲜艳的色彩和图案，用于在受到威胁时突然展现来恫吓敌害　黄仕傑饲养个体拍摄

◎ 警戒

　　虽然螳螂常常有着昆虫界中近乎完美的拟态和保护色，然而千虑一失，再好的伪装也有被识破的时候。当螳螂被捕食者发现后，掉落假死或快速逃走常常是首选策略；但如果被穷追猛赶或是走投无路，很多螳螂也会"英勇"地回身应敌。通常，螳螂会伴随着身体晃动，展开前足并立起身体，有翅的种类还常会撑开翅膀使自己看起来更大。很多种在做出警戒动作时还会翻起上唇、张开下颚，这些种的下颚常常有鲜艳的色彩。为了配合这些警戒动作，很多螳螂的前足内侧、前胸腹板、前翅臀域及后翅、腹部腹腹板基部等部位有着鲜艳的色彩和斑纹；这些色彩平时被隐藏或遮挡起来，当做出警戒动作时被突然展现，足以让捕食者"大吃一惊"。

假死中的中南拟睫螳 *Parablepharis kuhlii asiatica* 若虫。一些螳螂在遇到惊扰后会触发假死：收起各足、跌落到地面，并在一段时间内保持不动。但如果侵扰者找到假死的螳螂并继续攻击，螳螂则会逃跑或做出警戒行为反击　摄于海南尖峰岭

斧螳属 *Hierodula* 若虫。腹部在腹腹板处常有鲜艳的色彩，这些色彩平时被上一节腹板叠加所覆盖，在做出警戒动作时，伴随着腹部的伸展而被展露。类似的结构也见于其他多类螳螂的若虫之中　摄于西藏墨脱

　　螳螂的警戒动作是突发式的。例如图中的这只雌性透翅眼斑螳 *Creobroter vitripennis*，平时它依靠斑驳的色彩隐匿在植物之中，当遇到靠近的威胁时，它突然展开前足、张开翅膀并暴露出平时藏匿着的艳丽色彩；这样的爆发式行为和视觉刺激足以恫吓住敌害，或能赢得逃跑的时间，或能直接让敌害放弃进一步的攻击

眼斑螳属 *Creobroter*（左）及弧纹螳属 *Theopropus*（右）的若虫。有着类似斧螳属若虫的警戒模式，只不过它们的色斑出现在腹部背侧

做出警戒动作的长菱背螳 *Rhombodera longa*。注意张开的色彩鲜艳的下颚　摄于云南西双版纳

　　做出夸张的警戒动作的云南惧螳 *Deiphobe yunnanensis*。突然张开鲜艳色彩的翅膀可以有效地恫吓敌害，这也是很多
不能飞行的螳螂依旧保留的短翅的作用　摄于云南昆明

中国各地常见的静螳属*Statilia*与螳属*Mantis*还会用腹部反复摩擦后翅，发出显著的"沙沙"声；南亚地区的印琴锥螳*Gongylus gongylodes*会用前翅边缘的细齿摩擦后足股节，来发出显著的"嘎嘎"声；除此之外伪瞳花螳属*Pseudocreobotra*、魔花锥螳属*Idolomantis*、异巨腿螳属*Astyliasula*的一些物种等也能在警戒时发出声音；这些也是为数不多的能主动发声的螳螂。警戒动作并不是单纯的虚张声势，常常会伴有真正的攻击和啃咬，一些大型螳螂的

如上文所说，在实际观察中，螳螂会在警戒行为中展示那些平时被隐藏的色彩。因而对于后翅透明无色的物种，如上图的斧螳，警戒行为通常不会伴随后翅的炫耀；而对于下图的薄翅螳，尽管它们后翅同样透明无色，但它们的警戒动作伴随着腹部摩擦后翅发出的声响，因而后翅也被展开

做出警戒动作的印琴锥螳 *Gongylus gongylodes*，它们会用前翅前缘的细齿摩擦后足股节来发声，注意上图的特写。同样的，这些后翅无色的锥螳科物种的警戒行为也不会展开翅膀　摄于印度东南部

反击能力不容小觑，在东南亚，大型的斧螳甚至能击退眼镜猴这样的捕食者。类似的警戒动作也可能被用在恐吓过于靠近的同类上，至多经过简单的试探性的攻击，一方便会知难而退，通常不会造成严重的伤害。

螳螂是否存在警戒行为，在一定程度上与体型和色彩丰富度等表征相关联。通常，体型越大，前足内侧及后翅有更丰富色彩的物种，它们的警戒行为也更加丰富和频繁；相反的，体型越小，色彩越匮乏的物种则很少有警戒行为或完全没有——

当然，也有它们体型过小、行为难以被观察到的可能。对于小丝螳科Leptomantellidae和侏螳科Nanomantidae的物种——这些细小且没有鲜艳体色或斑纹的螳螂，在遇到惊扰后会迅速逃走或假死，但同类或同体型的威胁靠近时，它们也会展开前足使自己看起来更强大，这或许就是螳螂警戒行为的原始模式。体型稍大及在前足或后翅有鲜艳色彩的螳螂，在遇到危险时则很善于通过夸张的动作来展示这些色彩或图案，以起到恫吓敌害的作用；通常情况下，同一物种的雌性要比雄性更乐于如此。

● 飞行

蟑螂的行动以爬行为主，即使是成虫，通常也仅在雄性中会较为频繁地飞行。成虫之后，多数蟑螂都会拥有发达的翅，尤其在雄性之中。对于翅发达的蟑螂种类，飞行是翅的一个重要用途。蟑螂的飞行并不算灵活，它们通常不会像蝗虫那样靠跳跃提供助力，而是直接扑打翅膀飞起来；在飞行过程中，前翅的摆动幅度较小，主要的动力靠宽大的后翅提供。这些蟑螂飞行动作简单，不能在空中快速转弯或悬停，除去一些小型种，通常也无力做太长距离的飞行。正值壮年的雄性蟑螂在夜晚常会频繁飞行寻找配偶，这也使得它们很容易被夜晚的灯光吸引。在飞行的过程中，至少有耳真蟑类可以通过位于中后胸腹侧的耳探知到蝙蝠的声呐，并在接收到声呐后迅速合拢翅膀从空中坠落，以便逃脱蝙蝠的追捕。飞行能力通常可以伴随雄性成年蟑螂的终生，直至它们衰老死亡；但对于多数雌性蟑螂而言，通常只有新羽化后的一段时间会主动飞行，当腹中卵开始发育后，便可能身体过重而无力飞行了。

刚刚起飞的中华刀螳 *Tenodera sinensis*。飞行时，各足呈伸展状态 摄于北京西山

飞行中的雄性广斧螳 *Hierodula patellifera* 李超摄于北京西山

◉交流

　　尽管螳螂通常各自为营、独立生活，但当相遇时，同种螳螂之间也会有一定程度的交流。由于缺乏有效的发音器官，同种螳螂间的交流，主要以视觉和动作来实现。实际上，同种螳螂间的一些互动，或许可以有效避免互食现象的发生。巨腿螳族Hestiasulini的螳螂在同种相遇后会夸张地摆动前足，露出前足内侧鲜艳的斑纹，它们也因此而被称为"拳击螳螂（boxer mantis）"。在实际的观察中，这样的相遇都会以识趣的回避结束，不会造成实质的攻击；类似的行为在很多中小型螳螂中也普遍存在。大型螳螂则常常在相遇后迅速避开，或作出警戒动作；有时它们也会试探性进攻，但通常也都是以互相避让来结尾。不过，当体型不对等，尤其是一方并未及时发现潜伏着的另一方时，一些种的螳螂也不会错过吃掉弱小同类的机会。当然，也有一些螳螂能和平共处甚至在小范围内群居。总之，螳螂对同伴的态度是多样且因种而异的，这一点也体现在它们"恶名昭著"的交配行为上。

大异巨腿螳 *Astyliasula major* 的若虫正轮流伸出左右前足，以便展示股节内侧的明亮色彩。这样的行为被认为用于同类间的识别和交流　李超摄于海南尖峰岭

两只正在互相舞动前足的大异巨腿螳的若虫　聂采文绘

一对正在互相观望的海南角螳 *Haania hainanensis*。在雄性螳螂靠近雌性的时候，双方常有频繁的动作交流，雄性常常会以特定的方式摆动前足，让雌性注意到自己；这或许有助于互相识别和判断交配的时机　摄于海南五指山

雄性螳螂在远处依靠信息素定位雌性的位置，但在到达雌性身边的近距离时，主要依赖于视觉相互识别。这也导致了一些误判情况的发生。图中的雄性广斧螳 *Hierodula patellifera* 抱握在了雌性中华刀螳 *Tenodera sinensis* 的背部，由于生殖器官的隔离，它们无法完成交配　李超摄于北京西山

◉ 交配

　　成年后的螳螂，繁殖成为它们生存的首要"任务"。雄性螳螂靠触角上的感受器"捕捉"雌性螳螂散发在空气中的信息素并来到雌性身边，近距离的接触则需要视觉配合完成。雄性螳螂在靠近雌性的过程中会非常谨慎，一些种在交配前会有比较复杂的行为动作，来"告诉"雌性自己并非猎物，并判断雌性是否已经做好交配的准备。交配时，雄性螳螂会突然扑到雌性螳螂的背侧，并以前足抓握住雌性前胸；但在一些两性体型差异甚大的种类中，雄性仅能触及雌性的翅膀。冕花螳 *Hymenopus coronatus* 的雄性会用前足以特定频率敲打雌性的前翅，并发出有节奏的沙沙声，雌性则会在此时做出配合交配的动作，弯曲腹部以便于雄性接触。因高度不对称的雄性外生殖器结构所致，交配时，大多数雄性螳螂仅能从右侧向下弯曲腹部与雌性接触；但在金螳属 *Metallyticus* 中，两性以尾对尾的姿态交配。交配的时间长短不一，齿螳属 *Odontomantis* 的种类交配有时仅持续几分钟，但多数螳螂的交配都比较持久。饲养观察中，斧螳属 *Hierodula* 等中大型螳螂的交配时间可以持续 4 小时以上。

　　交配后，大部分雄性螳螂会在两性生殖器分离后的较短时间内快速离开，一些小型种会立即从雌性背上飞走。但冕花螳的雄性则可能长时间攀附在雌性背上，并在数天内多次交配。

交配中的宽胸菱背螳 *Rhombodera latipronotum*。由于雄性螳螂的外生殖器高度不对称，因此在交配时，多数雄性螳螂只能从特定的方向弯曲腹部接触雌性，一般是右侧　摄于云南西双版纳

交配中的冕花螳 *Hymenopus coronatus*，注意夸张的两性体型差异。在交配开始之前，雄性会用前足以特定频率敲打雌性的前翅并发出声响，这时，有交配意愿的雌性就会向下弯曲腹部，以便于雄性与之接触。在交配完成后，雄性有时会继续攀附在雌性背部数天之久，可能以此避免其他雄性的竞争　摄于云南西双版纳

螳螂在交配过程中或交配后吃掉配偶是我们时常提及的行为，法布尔在他的《昆虫记》中即记述了这一现象，而对于中国民众，这一现象也许因风靡全国的动画片《黑猫警长》而变得家喻户晓；但真实情况却远没有这么绝对。实际上，在自然环境中，雄性的谨慎和两性间足够的交流及准备，可以避免掉绝大多数食夫现象；但在人工饲养的环境中，由于两性常常没有足够的空间而导致这一现象被严重放大。不可否认，螳科Mantidae的一些物种的确有相对多见的食夫现象——尤其在螳属Mantis和一些斧螳属Hierodula中，但即使在这些物种之中，雄性在交配过程中被吃掉的情况依然仅是少数。由于昆虫的神经系统并不像脊椎动物这样有着高度发达的中枢，因而在交配过程中，即使雄性被雌性啃咬，吃掉了头部甚至更多的身体部分，交配过程依然可能被完成。在更多的螳螂类群中，交配行为则可能非常温和，食夫现象也更加罕见。

在交配过程中吃掉配偶的广斧螳 *Hierodula patellifera*。实际上，这样的现象即使在食夫现象较为普遍的斧螳属 *Hierodula* 中也并不常见　摄于北京密云

交配中的薄翅螳 *Mantis religiosa*。注意正在进行交配的那只雄性的头及一部分前胸已经被雌性啃咬。由于昆虫的神经系统中枢性并不如脊椎动物般发达，因而即使失去头部，雄螳螂也能继续完成交配　摄于河北蔚县

交配中的中华怪螳 *Amorphoscelis chinensis*。这种小型的树栖螳螂以蚂蚁为主要食物，高度特化的前足使得它们已经无力对同类造成威胁，交配过程也十分温和　施筱迪摄于江苏南京

螳螂目昆虫孤雌生殖的记录并不多见，以孤雌生殖为主要繁殖方式的物种更是少之又少。在北美洲分布的蝓螳属 *Brunneria* 是螳螂孤雌生殖的一个经典案例，这个属的一些物种的雄性罕见，至少在饲养环境下，几乎以孤雌生殖繁殖。由于求证困难，其余两性比例正常的螳螂的孤雌生殖记录实际上很难被验证；在近10年来我及同好的饲养记录中，有多个属被记录到这一现象，我排除掉无法完全确认的一些案例后，依旧有包括齿华螳 *Sinomantis denticulata*、明端眼斑螳 *Creobroter apicalis*、中南拟睫螳 *Parablepharis kuhlii asiatica*、印度姬螳 *Acromantis indica* 等种类被确凿地记录到孤雌生殖的案例。这也意味着螳螂的孤雌生殖尽管不常见，但仍可能在各个科中出现。

产卵中的陕西屏顶螳 *Phyllothelys shaanxiense*。产卵时，通过尾须的接触，产卵瓣和下生殖板的共同协作，同一个物种的螳螂会产下形态大致相同的螵蛸。新产出的螵蛸色浅且柔软，经过一段时间后才会彻底变硬定型　摄于陕西华阳

产卵中的狭翅刀螳 *Tenodera angustipennis*。通常情况下，一旦螳螂开始产卵，即使受到明显的干扰，也不会中断这个过程。卵被一层一层地产下，在产下一层卵后才会在周围排出一层泡沫，泡沫和卵并非同步产出　胡佳耀摄于上海

在岩石缝隙中产卵的中华刀螳 *Tenodera sinensis*。可以看到黄色的卵粒以扇形排布　摄于北京海淀

在向阳面墙壁上产卵的中华刀螳 *Tenodera sinensis*。在北方，秋季气温较低，很多螳螂会选择阳光充足的墙面产卵，温暖的阳光能让螳螂在产卵的过程中保持体力　摄于北京海淀

一只雌性云南细螳 *Miromantis yunnanensis* 和它的若干枚螵蛸，其中那些深色的螵蛸已经孵化过了。对于这只纤细的雌性螳螂而言，它的一生都几乎在这片树叶上度过　余文博摄于云南西双版纳

棕静螳 *Statilia maculata* 产在石块下方的螵蛸，在寒冷的冬季，这有助于它们的卵安全越冬　摄于北京密云

◉ 产卵

　　无论交配与否，当腹中的卵发育成熟后，雌螳螂都会产卵；但雌性的产卵期可能会因未能进行交配而被延迟。也就是说，尽管交配会促进产卵，但并不是影响产卵时间的主要因素，依然要视卵巢中卵的成熟度而定。绝大多数螳螂会把卵产在树枝、树叶、草叶等植物性材料上，向阳面的墙壁也被一些螳螂选择作为产卵地；广缘螳属 *Theopompa*、石纹螳属 *Humbertiella*、金螳属 *Metallyticus* 等栖息在树干的螳螂会将螵蛸产在树皮缝隙之中；在冬季寒冷的北方，虹螳属 *Iris* 和静螳属 *Statilia* 会钻到岩石缝隙或石下产卵；生活在干燥的荒漠环境的铆螳属 *Rivetina* 及埃螳属 *Eremiaphila* 则能用腹部特殊的铲状结构挖掘地面，将螵蛸产在土中。进入产卵状态后，雌性螳螂便很难被打断，即使受到严重的骚扰。雌螳螂会一边排出泡沫一边把卵规则地产在特定的位置，并依靠尾须的摆动来感知螵蛸的形状。刚刚完成的螵蛸柔软而浅色，这个阶段泡膜层很容易受到破坏，在经过几个小时甚至一天的干燥硬化后，螵蛸才会最终定型。多数螳螂在产卵后会很快离开，不过部分属的物种可能会攀附在螵蛸上守护数天甚至更久；小丝螳属 *Leptomantella* 及细螳属 *Miromantis* 的物种常常会在同一处持续产卵，即使若虫孵化，成虫也不会离开。

非常珍贵的一个场面。图中我们可以看到一只云南细螳 *Miromantis yunnanensis* 将多个螵蛸紧密产在一起，这些螵蛸间隔一段时间逐一产下，雌虫能有 "意识" 地将其紧密排成一排确实让人意外；同时，图的下方可以看到数只刚刚孵化的若虫，和其他大型螳螂不同，这些若虫不会分开太远，它们将在一个互有交流的小居群中长大　郭峻峰摄于云南西双版纳

与上图类似的场景也可见于小丝螳属之中。这只海南小丝螳守着它的一组螵蛸和一大群刚刚孵化的小若虫。这些小若虫在接下来的 3 天左右的时间里逐渐分散到四周的环境中去。有意思的是，期间雌性依旧在捕食靠近的小飞虫，但它并不会捕食自己的后代，这或许意味着雌性螳螂有一定的 "识别" 后代的能力　摄于海南尖峰岭

雌性海南小丝螳 *Leptomantella tonkinae hainanae* 和它产下的螵蛸。这批尚未孵化的螵蛸多达 5 枚，即使在同类中也算是高产。在接下来的时间里，它还会持续地产下新的螵蛸。但与细螳不同的是，海南小丝螳的螵蛸在孵化后会很容易脱落；因而尽管这只螳螂或许一生能产下近 20 枚螵蛸，但很可能同时存在的数量并不会比现在更多　摄于海南尖峰岭

刚刚产完卵的中华斧螳 *Hierodula chinensis*，螵蛸尚未完全变硬。这种螳螂并不会守护在螵蛸附近，在产完卵稍事休息后它们就会离开，任卵自生自灭　王志良摄于河南黄柏山

◉ 越冬与滞育

多数大型螳螂1年仅能完成1个生命周期；热带地区分布的小型种则可能1年发生多代，没有明显的世代交替。在冬季寒冷的北方地区，多数螳螂都以螵蛸中的卵的形式越冬；但依旧有一些花螳科的物种以若虫的形态度过冬季，或是兼有卵及若虫两种形态。在华南及西南，冬季降雪的山区，越冬的螳螂若虫，在石下、落叶层或灌丛底部蛰伏，即使被皑皑白雪覆盖，也不会被冻死；这些越冬若虫在冬季到来之前便停滞发育，直到第2年温度适宜才开始继续蜕皮成长。在云南南部及海南等热带地区，一些螳螂也会以滞育若虫的形式度过旱季或气温稍低的冬季；这些滞育现象使螳螂若虫的生长周期被显著延长，也常常使得即便在热带，1年中也仅有一小段时间可以见到它们的成虫。右侧表中统计了我们记录到的一些螳螂成虫发生期及越冬的信息，仅供参考且并非绝对的；即使同一物种，也可能因海拔、维度的差异而有所变化。标注 * 的观察地点为冬季可能长时间覆雪地点，冬季指 12 - 2 月。

物种
中华刀螳 *Tenodera sinensis*
中华刀螳 *Tenodera sinensis*
广斧螳 *Hierodula patellifera*
中华斧螳 *Hierodula chinensis*
梅花半斧螳 *Ephierodula meihuashana*
棕静螳 *Statilia maculata*
棕静螳 *Statilia maculata*
棕静螳 *Statilia maculata*
云南亚叶螳 *Asiadodis yunnanensis*
宽胸菱背螳 *Rhombodera latipronotum*
中华屏顶螳 *Phyllothelys sinense*
武夷异巨腿螳 *Astyliasula wuyishana*
日本姬螳 *Acromantis japonica*
中华齿螳 *Odontomantis sinensis*
中华弧纹螳 *Theopropus sinecus sinecus*
浅色锥螳 *Empusa pennicornis*
海南角螳 *Haania hainanensis*
梅氏伪箭螳 *Paratoxodera meggitti*
短翅搏螳 *Bolivaria brachyptera*
榆林虹螳 *Iris yulinica*
中华怪螳 *Amorphoscelis chinensis*

成虫发生期	入冬前可见虫态	推测越冬态	观测地点及海拔
8—11月	成虫	卵	北京 200米*
1—12月	成虫	各虫态	云南景洪 800米
8—11月	成虫	卵	北京 200米 *
8—10月	成虫	卵	福建南平 800米 *
3—5月	若虫	若虫	海南乐东 900米
9—11月	成虫	卵	北京 200米 *
7—11月	成虫	卵	江西上饶 800米 *
1—12月	成虫	各虫态	海南三亚 50米
3—5月	4—6龄若虫	若虫	云南景洪 800米
2—5月	7龄若虫	若虫	云南景洪 800米
7—10月	5龄若虫及成虫	若虫及卵	福建南平 800米 *
7—9月	3龄若虫	若虫	福建南平 800米 *
3—7月	各龄若虫	若虫	广东肇庆 300米
8—10月	成虫	卵	陕西华阳 1500米 *
8—10月	若虫及成虫	若虫及卵	广西龙胜 800米 *
5—7月	7龄若虫	若虫	新疆伊犁 1000米 *
1—12月	各虫态	各虫态	海南琼中 700米
9—11月	成虫	若虫	云南景洪 800米
6—8月	卵	卵	新疆伊犁 1000米 *
8—10月	成虫	卵	陕西榆林 1300米 *
7—10月	成虫	卵？	江苏南京 50米

◉ 敌害

　　刚刚产出，尚未硬化的螵蛸很容易受到各种卵寄生性的小蜂的侵扰。在已有的记录中，超过4科13属的小蜂有对螳螂卵进行寄生的案例，最著名的莫过于长尾小蜂科 Torymidae 的螳小蜂属 *Podagrion*。一些螳小蜂有着长过身体2倍以上的产卵器，用于穿透螵蛸的泡沫层；由于硬化后的螵蛸相对坚固，因此一些小蜂特化出攀附在螳螂体表等待产卵的习性。广腹细蜂科 Platygastridae 的嗜螳广腹细蜂 *Mantibaria anomala* 甚至会预先攀附在雄性螳螂的腹部，在螳螂交配时转移到雌性身上，再在雌性产卵时寄生卵粒。比较有趣的一个现象：在北京地区，每年5月左右一种螳小蜂就会从广斧螳 *Hierodula patellifera* 的螵蛸中钻出，并可以观察到它们继续在同一枚螵蛸上产卵。我推测这是在继续寄生螵蛸中未被寄生的其他螳螂卵，即使这些卵已经发育并将在5月下旬孵化；如果这个猜测准确，那么这一代螳小蜂应该要到秋天才能羽化，并继续寄生当年的新一代螵蛸。

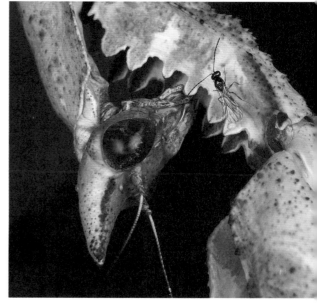

锤角细蜂科 Diapriidae 的寄生蜂停落在雌性中南拟睫螳 *Parablepharis kuhlii asiatica* 的前足，它们或许也有着与长尾小蜂科相似的行为　余文博摄于云南西双版纳

　　一种长尾小蜂科 *Torymidae* 的寄生蜂攀附在即将产卵的弧纹螳 *Theopropus sp.* 的翅上。这样，当这只螳螂开始产卵的时候，小蜂就能在第一时间用产卵器穿透尚未变硬的螵蛸，把自己的卵产进螳螂卵中　余文博摄于云南西双版纳

小蜂的寄生虽然普遍，但通常不会彻底消灭掉整个螵蛸中的卵，螵蛸中没被寄生的螳螂卵依旧可以孵化，但一些啃咬性的敌害则可能导致螵蛸的全群覆没。鞘翅目皮蠹科 Dermestidae 的螵蛸皮蠹 Thaumaglossa sp. 会对螳螂卵块造成毁灭性的打击，这些成虫访花的小型皮蠹会在螵蛸外层产卵，孵化的幼虫蛀蚀螵蛸，吃掉内层的泡沫和卵，只剩下一层空壳。此外，一些鸟类和小哺乳动物也会啃食它们能找到的螵蛸，甚至蟊斯也会这么做。

长尾小蜂科 Torymidae 的螳小蜂属 Podagrion 的雌性个体停落在中华刀螳 Tenodera sinensis 的螵蛸上。它们有非常长的产卵器，用于穿透螵蛸的泡沫层　张瑜摄于北京海淀

正在向大异巨腿螳 Astyliasula major 的螵蛸中产卵的长尾小蜂科 Torymidae 物种。螳螂与螳小蜂大约是一对好的协同演化 (coevolution) 的例子；对于螳小蜂而言，找到螵蛸只是第一步，接下来，它们还要通过触角敏锐地感知到哪个位置的卵在自己的产卵器长度力所能及的深度，否则它们倾尽全力也够不到藏在螵蛸中的螳螂卵。在这样的演化关系中，一代又一代的螳小蜂用越来越长的产卵器去与越来越厚的螵蛸泡沫层做着无声的斗争；但二者又受到其他生存压力的制约，既不可能无限长，也不可能无限厚　摄于海南尖峰岭

螳小蜂通常在螵蛸尚未变硬时开始产卵。新鲜螵蛸的味道或许对螳小蜂有更强的吸引力，会有数只聚集产卵的场景；而产下较久的螵蛸则少有螳小蜂青睐　摄于北京海淀

中华刀螳 *Tenodera sinensis* 的螵蛸中，即将羽化的螳小蜂 *Podagrion sp.* 和螳螂若虫。有趣的是，螳螂与螳小蜂在螵蛸中排列的方向是相反的，所有螳螂若虫的头都指向螵蛸的孵化通道，而螳小蜂的头则指向螵蛸的四周。羽化后的螳小蜂会在螵蛸上啃咬出孔洞钻出

在台湾巨斧螳 *Titanodula formosana* 的螵蛸中啃食的螵蛸皮蠹 *Thaumaglossa sp.* 的幼虫，螵蛸内部结构都会被蛀蚀一空，只剩下外侧一层壳　摄于海南五指山

一种斧螳 *Hierodula* 的螵蛸上的螳小蜂 *Podagrion* sp. 和螵蛸皮蠹 *Thaumaglossa* sp.，后者常会对螵蛸造成毁灭性打击　王志良摄于河南黄柏山

螵蛸皮蠹的成虫　王志良摄于河南黄柏山

　　除去其他动物造成的危害，螵蛸还可能受到一种真菌——螳螂虫草 *Cordyceps mantidicola* 的寄生，被感染的螵蛸会被菌丝充满，并在真菌成熟后萌发若干小型子实体用于释放孢子。不过这种寄生真菌并不常见。

寄生在斧螳属 *Hierodula* 螵蛸的螳螂虫草 *Cordyceps mantidicola* 的子实体　聂采文绘

一个有趣的现象：一些蚂蚁会利用已经孵化过的螵蛸构建蚁巢。至少观察到，斧螳属*Hierodula*及孔雀螳属*Pseudempusa*这样大且结实的螵蛸被举腹蚁*Crematogaster*利用。螵蛸中存有一个完整的、包含蚁后的蚂蚁家族，蚂蚁在螵蛸中繁殖，并且工蚁会在螵蛸的基础上修建出一个出入口。图中为斧螳属*Hierodula*的螵蛸　摄于福建武夷山

一种大型胡蜂 *Vespa* sp. 正在捕食广斧螳 *Hierodula patellifera* 雌性成虫　张瑜摄于北京海淀

鹊鸲 *Copsychus saularis* 捕食雌性棕静螳 *Statilia maculata* 成虫　王文静摄于杭州植物园

胡蜂属某种 *Vespa* sp. 捕食中华斧螳 *Hierodula chinensis* 雌性成虫　王吉申摄于浙江天目山

　　幸运孵化的小螳螂也不能高枕无忧。自小到大，螳螂都面临着小到蜘蛛蚂蚁、大到小至中型的脊椎动物的各种捕食压力。不过，除去少数泥蜂科 Sphecidae 物种有专性捕猎螳螂若虫用于喂养后代记录外，螳螂通常没有专食性的天敌。随着成长和个体的变大，小型捕食者带来的压力也会逐渐减弱，螳螂的自卫能力也伴随着成长而增强，一些大型螳螂的成虫甚至能击退进犯的小型鸟兽。除去这些捕食性威胁，螳螂也和多数昆虫一样面临着一些寄生性敌害。对于螳螂而言，专性寄生的昆虫同样并不多见。除去寄生性的螨虫会在螳螂的节间膜处或翅膀内侧寄生外，著名的寄生性昆虫类群、捻翅目 Strepsiptera 中的部分种曾有寄生螳螂的记录，但很可能并非专性。相对普遍的是一些寄主广泛的寄蝇，但可能因为螳螂经常清理自己的身体或能捕猎靠近自己的寄蝇，因此寄生率并不算高。不过螳螂一旦被寄生，则会造成严重的影响。寄蝇幼虫在螳螂体内取食，当发育成熟之后，就会从节间膜等柔软的地方钻洞钻出，落地化蛹。寄蝇幼虫造成的大型创口对于野外的螳螂个体而言通常是致命的，但在饲养环境下，也有成功恢复的案例。

常见于直翅类昆虫体表的寄生性螨虫 *Eutrombidium* 也会出现在螳螂的身体上，通常附着在翅膀内侧等螳螂难以清理到的位置，以吸食寄主体液为生

棕静螳 *Statilia maculata* 体内钻出的 2 条寄蝇科 Tachinidae 老熟幼虫　摄于云南西双版纳

薄翅螳 *Mantis religiosa* 体内钻出的寄蝇科 Tachinidae 幼虫，及饲养所得的蛹和成虫　标本采集自河北蔚县

因虫霉目 Entomophthorales 真菌感染而死亡的中华刀螳 *Tenodera sinensis* 若虫　摄于北京门头沟

　　一些寄生性真菌也会感染螳螂的若虫及成虫。一类与导致蝗虫"抱草瘟"的蝗噬虫霉 *Entomophaga grylli*（虫霉目 Entomophthorales）的病症相似的寄生真菌在刀螳属 *Tenodera* 中的感染尤其普遍。被感染的螳螂会逐渐变得行动迟缓，直到最终死亡；灰至白色的菌体会从体节薄弱处溢出并释放孢子。这样的寄生现象可能会在局地较为普遍，尤其北方地区。

正在排出铁线虫的斧螳 *Hierodula sp.*，注意腹部末端，有一粗一细 2 条铁线虫钻出　摄于云南西双版纳

在溪流中死亡的雌性广斧螳 *Hierodula patellifera*，铁线虫已经钻出游走　摄于北京密云

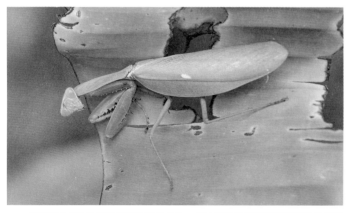

被铁线虫寄生的某种斧螳的雄性个体，相比正常雄性表现出了很多雌性特征，比如宽大的前翅前缘域　摄于云南西双版纳

对于大众而言，螳螂最著名的寄生者莫过于铁线虫了。铁线虫（horsehair worms）属于线形动物门Nematomorpha，这类寄生性动物已经被描述有超过20个属300余种。实际上，铁线虫这个类群的寄主的范围远不止于螳螂，很多昆虫类群都可以成为铁线虫的最终宿主，至少包含蜻蜓目、直翅目、蜚蠊目、革翅目、鞘翅目、膜翅目等，它们甚至会出现在蜘蛛

中华斧螳 *Hierodula chinensis* 体内尚未成熟的铁线虫。经过解剖发现，在铁线虫尚未成熟之时，几乎不会运动，这或许也是其充斥螳螂腹腔但并不影响螳螂生活的原因。这类寄生于斧螳亚科 Hierodulinae 的铁线虫成熟后会变成褐色，并会在螳螂受到挤压时及时从肛门处钻出逃离　标本采自福建武夷山

及蜈蚣体内。常见到的寄生于斧螳类的铁线虫，通常为索铁线虫属*Chordodes*的物种。寄生螳螂的铁线虫通常在水中产卵，卵带粘附在水中石块或树枝上。和成体迥异，刚刚孵化的铁线虫微小且有环节，这些幼虫拥有钩状结构和口器。当铁线虫幼虫被吞食（主动或被动）进入中间宿主体内，并会形成包囊（Schmidt-Rhaesa & Ehrmann, 2001）。中间宿主的范围可能非常广泛，由于微小的铁线虫幼虫在水中应是浮游状态，因此理论上所有水生动物（包含各色软体动物、鱼、蛙）都可能吞进而成为中间宿主。这些微小的幼虫在中间宿主体内的状态尚不明确，但应该不会发育也不会对中间宿主造成显著影响。当中间宿主是蜉蝣目、双翅目、渍翅目、毛翅目等有可能最终被螳螂捕食的猎物时，这些盲目进入到中间宿主体内的铁线虫幼虫才有可能发育成熟。当螳螂捕食到感染铁线虫幼虫的昆虫后，铁线虫幼虫得以进入螳螂体内。但这个途径在野外几乎不可能被实际证实，所幸，实验室内的研究支持这一判断（Hanelt & Janovy, 2004）。与幼虫不同，铁线虫在最终宿主的选择上很可能是有专性的。这意味着斧螳属*Hierodula*体内的铁线虫可能无法感染其他亲缘关系较远的螳螂，反之亦然；同样，出现在螽斯蝗虫体内的铁线虫，可能也并不能感染螳螂。铁线虫幼体进入螳螂体内后的状况非常不明确，但显而易见的是，铁线虫的发育过程可能伴随宿主螳螂的多个龄期。铁线虫的寄生可能导致宿主的性征模糊，使得雄性螳螂出现雌性螳螂的特征，这有可能是性腺发育受到干扰所致。这种情况导致了螳螂目分类的一个严重问题：这些性征模糊的个体可能被当作独立的物种，进而造成同物异名；在美洲，已经有这样的案例被处理（Lombardo, 2011）。

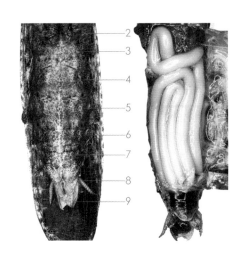

尽管不清楚铁线虫给螳螂造成了多大的困扰，但通过野外观察可以明确：①通常，被铁线虫寄生的螳螂两性均可以正常交配并繁殖；②铁线虫脱离寄主之后，寄主有几率可以恢复健康并继续繁殖；③局部地区，部分种的螳螂被寄生的概率确实可以接近100%。在云南勐腊地区，对超过100只宽胸菱背螳 *Rhombodera latipronotum* 成虫的统计，未见没有被铁线虫寄生的个体，但这并不妨碍它们成为当地最优势的大型螳螂之一。但是同地的华丽孔雀螳 *Pseudempusa pinnapavonis* 却几乎没有被寄生

关于铁线虫寄生导致雄性螳螂性征模糊，青岛农业大学的刘钦朋先生提供了一号非常好的标本案例：在这头被铁线虫寄生的雄性中华屏顶螳身上，我们可以看到很多向雌性过渡的特征——大而粗壮的头饰，色彩浓重的前后翅，雌性化的第 7、8 节腹腹板等；但这头标本的雄性外生殖器发育依旧相对正常。这是一组非常珍贵的照片，图示中我们也可以看到铁线虫在螳螂腹部中卷曲的状态，整个腹腔几乎被其填满　刘钦朋提供

的个体，这也表明了铁线虫寄生的专性。成熟后的铁线虫确实会使螳螂靠近水边，具体机制尚不明确。在西双版纳地区，可以观察到螳螂爬向或飞入流动的溪水中，铁线虫会在螳螂接触到水后立刻从腹部末端钻出并迅速游走。排出铁线虫的螳螂一部分能顺利攀附到周围石块或树枝并有望活下来，一部分会被水流冲走直至最终淹死。铁线虫脱离寄主时并不会杀死寄主，寄主的死亡通常是未能及时脱离水环境导致的，这可能因不同个体的身体状态而异。在华东或华北，螳螂和铁线虫常常在秋季

成熟，这时候气温已经较低，螳螂更可能因为失温而难以离开水体，因此更容易被淹死。一些外界刺激也会促使铁线虫自主脱离寄主，例如螳螂被抓到后剧烈挣扎等。螳螂若虫可能多次吞食含有铁线虫幼虫的昆虫，因此 1 只螳螂可能能排出 1 条以上的铁线虫，甚至多达数十条。因为宿主能提供的营养有限，在宿主能活下来养大这些寄生虫的前提下，寄生的铁线虫的数量和单条的大小必然成反比。在离开宿主螳螂后，铁线虫就可以立即交配。

即使食用水产品时带入铁线虫幼虫，这些幼体也不会在人体内存活发育；但铁线虫的确有人体感染案例，这可能是有人吞食被寄生的昆虫所致。在两栖类之中，铁线虫也有蛙体排出记录，但这几乎可以肯定是因为蛙类吞食了带有成体铁线虫的昆虫，而铁线虫体壁坚韧，因此能通过蛙类的消化道并被活体排出（Ponton et al., 2006）。

缠绕在一起交配的索铁线虫 *Chordodes sp.*，相对较细的为雄性　摄于云南西双版纳

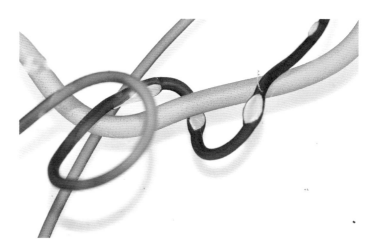

注意雄性索铁线虫体表的独特结构，猜测是用于交接精子的性器官　摄于云南西双版纳

溪流中，索铁线虫产在石块上的卵带　摄于北京海淀

中华刀螳 *Tenodera sinensis* Saussure, 1870（雌） 摄于湖南凤凰

螳螂目 Mantodea，在现代分类学上属于节肢动物门 Arthropoda，六足总纲 Hexapoda，昆虫纲 Insecta，有翅亚纲 Pterygota，新翅部 Neoptera，多新翅类 Polyneoptera，网翅总目 Dictyoptera。与蜚蠊目 Blattodea 构成亲密的姊妹群。在现生的螳螂目之中，高阶分类长期以来变动不止；由于螳螂在外部形态上的高度可塑性和配合拟态的趋同现象，使得曾通行过的各个主要分类体系之间的差异巨大。多变的外形使得研究者对共有祖征的把握常常过于主观，所幸在近 20 年来，通过分子手段的应用，螳螂目内部的亲缘关系也在逐渐清晰。在目前通行的分类系统中，依据分子学证据和雄性外生殖器的解剖结构，现生的螳螂目被划分为 29 科（Schwarz & Roy, 2019），尽管这样的系统关系依旧存在诸多显而易见的问题，但显然，这是目前最可能接近亲缘事实的体系。除去这 29 个现生科之外，螳螂目还包含有 Baissomantidae，Cretomantidae，Santanmantidae 3 个化石科和 3 个未定科的化石属。

Mantodea 螳螂目
Eumantodea 现生真螳类

CHAETEESSOIDEA 缺爪螳总科
Chaeteessidae 缺爪螳科

MANTOIDOIDEA 伪螳总科
Mantoididae 伪螳科

METALLYTICOIDEA 金螳总科
Metallyticidae 金螳科

*Amerimantodea 新大陆螳演化支

THESPOIDEA 细足螳总科
Thespidae 细足螳科

ACANTHOPOIDEA 旌螳总科
Angelidae 天使螳科
Coptopterygidae 蟭螳科
Liturgusidae 伶螳科
Photinaidae 翠螳科
Acanthopidae 旌螳科

*Cernomantodea 旧大陆螳演化支

CHROICOPTEROIDEA 非洲螳总科
Chroicopteridae 非洲螳科

NANOMANTOIDEA 侏螳总科
Leptomantellidae 小丝螳科 *

Amorphoscelidae 怪螳科 *
Nanomantidae 侏螳科 *

GONYPETOIDEA 跳螳总科
Gonypetidae 跳螳科 *

EPAPHRODITOIDEA 安替列螳总科
Majangidae 马岛螳科
Epaphroditidae 安替列螳科

HAANIOIDEA 角螳总科
Haaniidae 角螳科 *

EREMIAPHILOIDEA 埃螳总科
Rivetinidae 铆螳科 *
Amelidae 漠螳科
Eremiaphilidae 埃螳科 *
Toxoderidae 箭螳科 *

HOPLOCORYPHOIDEA 囊螳总科
Hoplocoryphidae 囊螳科

MIOMANTOIDEA 奇螳总科
Miomantidae 奇螳科

GALINTHIADOIDEA 珍螳总科
Galinthiadidae 珍螳科
HYMENOPOIDEA 花螳总科
Empusidae 锥螳科 *
Hymenopodidae 花螳科 *

MANTOIDEA 螳总科
Dactylopterygidae 鞑螳科
Deroplatyidae 枯叶螳科 *
Mantidae 螳科 *

在这 29 个现生科中，其中的 12 科（＊标注）在中国有记录，包含 57 属约 160 种。在这一部分中会罗列中国有分布螳螂的所有科属及相应代表种的生态照片。每属的代表种照片尽可能的包含雌雄两性成虫，特征及若虫以小图框形式展现。

本部分中涉及的一些英文及缩写对照如下：

synonym: 异名，指这个属曾有过的历史异名。

type species: 模式种，指这个属建立时指定的模式物种名。

世界分区（依 Schwarza & Roy, 2019）：安的列斯区 Antillean Region（AN）、马达加斯加以外的非洲区 Afrotropics, excluding Madagascar（AT）、澳洲区 Australasia（AU）、马达加斯加及西印度洋岛屿区 Madagascar, including islands of the Western Indian Ocean（MD）、新北区 Nearctic（NA）、安的列斯群岛以外的新热带区 Neotropics, excluding the Antilles（NT）、东洋区 Oriental（OR）、古北区 Palearctic（PL）。

国内各省直辖市自治区的英文对照：

黑龙江（Heilongjiang）、吉林 (Jilin)、辽宁（Liaoning）、内蒙古（Neimenggu）、北京（Beijing）、天津（Tianjin）、河北（Hebei）、山西（Shanxi）、山东（Shandong）、河南（Henan）、陕西（Shaanxi）、宁夏（Ningxia）、甘肃（Gansu）、青海（Qinghai）、新疆（Xinjiang）、江苏（Jiangsu）、上海（Shanghai）、安徽（Anhui）、浙江（Zhejiang）、湖北（Hubei）、江西（Jiangxi）、湖南（Hunan）、福建（Fujian）、台湾（Taiwan）、广东（Guangdong）、海南（Hainan）、香港（Hongkong）、澳门（Macao）、广西（Guangxi）、重庆（Chongqing）、四川（Sichuan）、贵州（Guizhou）、云南（Yunnan）、西藏（Tibet）。

中南拟睫螳 *Parablepharis kuhlii asiatica* Roy, 2008（雌）　余文博摄于云南勐腊

I. 小丝螳科 Leptomantellidae OR

1. 小丝螳属 *Leptomantella* Uvarov, 1940

synonym: *Leptomantis* Giglio-Tos, 1915

Type species: *Mantis albella* Burmeister

纤细而柔弱的小型螳螂。前胸背板显著长于前足股节。成虫两性翅均发达，透明或覆盖粉状物。

国内分布：江西、湖南、福建、广东、海南、广西、重庆、四川、贵州、云南、西藏。

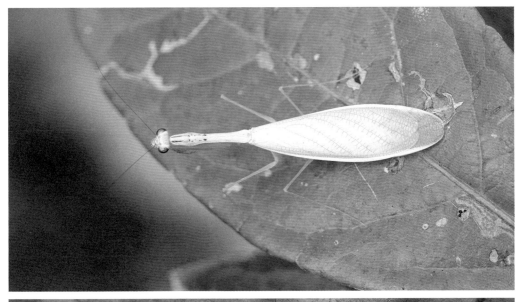

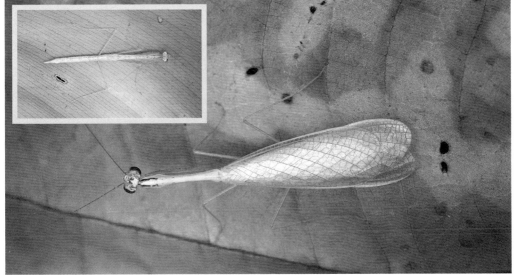

越南小丝螳 *Leptomantella tonkinae* Hebard, 1920（上雌下雄）　摄于云南景洪

II. 怪螳科 Amorphoscelidae AT, PL, OR

2. 怪螳属 *Amorphoscelis* Stål, 1871

Type species: *Amorphoscelis annulicornis* Stål

小型而扁平的螳螂，头大，显著宽于身体；前胸短小，近方形；前足小，股节刺退化，仅具 1 枚中刺。成虫两性翅均发达，前翅半透明至不透明。尾须末节宽阔。

国内分布：河南、江苏、浙江、江西、福建、海南、广西、云南、西藏。

中华怪螳 *Amorphoscelis chinensis* Tinkham, 1937（雌性及若虫）　摄于江苏南京

雪山怪螳 *Amorphoscelis xueshani* Wu & Liu, 2021（雄）　摄于西藏墨脱

III. 侏螳科 Nanomantidae　AT, MD, OR, AU

3. 透翅螳属 *Tropidomantis* Stål, 1877

Type species: *Mantis tenera* Stål

小而扁平的绿色螳螂。前胸短于前足股节。两性翅均发达，前翅宽阔透明，前缘域不加厚，翅室内透明无斑。

国内分布：福建、台湾、广东、海南、香港、澳门、云南。

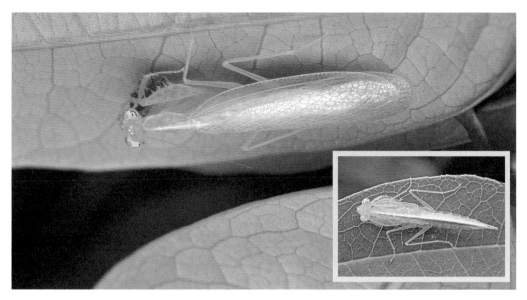

格氏透翅螳 *Tropidomantis gressitti* Tinkham, 1937（雌）　严莹摄于广东深圳

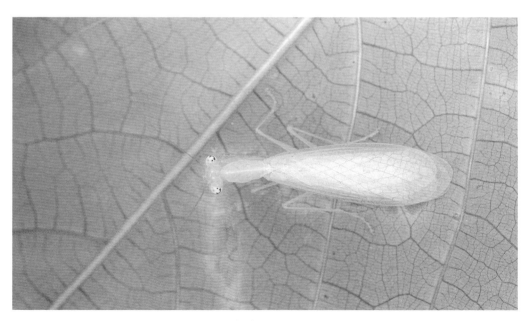

格氏透翅螳 *Tropidomantis gressitti* Tinkham, 1937（雄）　摄于海南尖峰岭

4．黎明螳属 *Eomantis* Giglio-Tos, 1915

Type species: *Miopteryx iridipennis* Westwood

小而扁平的绿色螳螂。前胸短于前足股节。两性翅均发达；前翅宽阔，透明；前缘域不加厚；翅室内具明显色块。

国内分布：海南、云南、西藏。

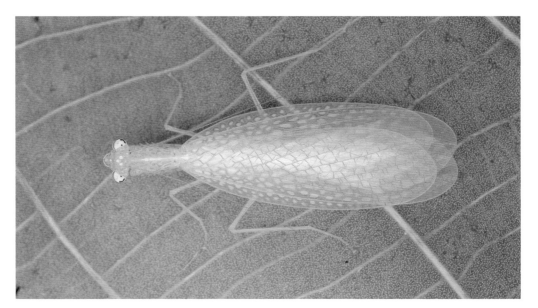

云南黎明螳 *Eomantis yunnanensis* Wang et Dong, 1993（雄）　摄于云南勐腊

宽翅黎明螳 *Eomantis guttatipennis* Stål, 1877　摄于云南盈江

5 . 华螳属 Sinomantis Beier, 1933

Type species: *Sinomantis denticulata* Beier

体形匀称的小型黄褐色螳螂。前胸与前足股节长度近等。前足胫节具 9 枚外列刺。两性翅均发达，前翅狭长，近透明；前缘域不加厚。

国内分布：福建、广东、海南、香港、澳门、云南。

齿华螳 *Sinomantis denticulata* Beier, 1933（雄）　郑昱辰摄于福建龙岩

齿华螳 *Sinomantis denticulata* Beier, 1933（雌性若虫）　摄于海南五指山

6．彩螳属 *Pliacanthopus* Giglio-Tos, 1927

synonym: *Xanthomantis* Giglio-Tos, 1915

Type species: *Xanthomantis flava* Giglio-Tos

小而纤细的螳螂，稍扁平。前胸与前足股节长度近等。前足胫节外列刺基部 2 枚距离正常；具 9－11 枚外列刺，从端部到基部，第 7 枚外列刺长于其他各刺。两性翅均发达，前翅狭长透明；前缘域加厚，不透明。

国内分布：云南。

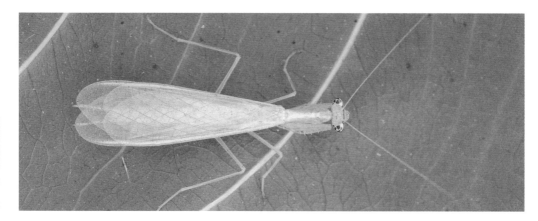

二斑彩螳 *Pliacanthopus bimaculata* (Wang, 1993) （雄） 摄于云南勐腊

7．柔螳属 *Sceptuchus* Hebard, 1920

Type species: *Sceptuchus simplex* Hebard

小而纤细的螳螂，黄绿色。前胸稍长于前足股节。前足股节内列刺基部 2 枚大刺间具 2－3 枚小刺；胫节外列刺 7 枚，从端部起第 7 枚外列刺较小且与第 6 枚远离。雄性翅发达，雌性翅稍短，不能覆盖整个腹部；前翅窄而狭长，透明，前缘域不加厚。

国内分布：安徽、浙江、湖北、福建。

中华柔螳 *Sceptuchus sinecus* Yang, 1999 （雄） 李辰亮摄于湖北咸宁

8．细螳属 *Miromantis* Giglio-Tos, 1915

Type species: *Miromantis mirandula* Westwood

小而纤细的螳螂，黄绿色。前胸与前足股节长度近等。前足胫节外列刺基部 2 枚明显远离。两性翅均发达；前翅窄而狭长，透明，前缘域不加厚。

国内分布：云南。

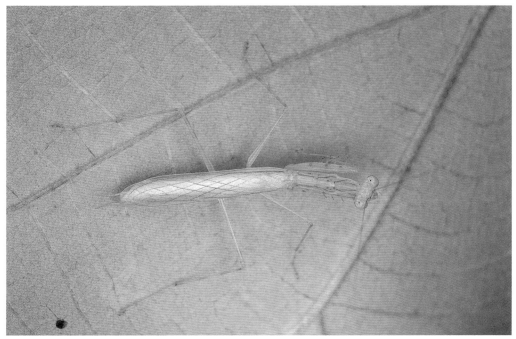

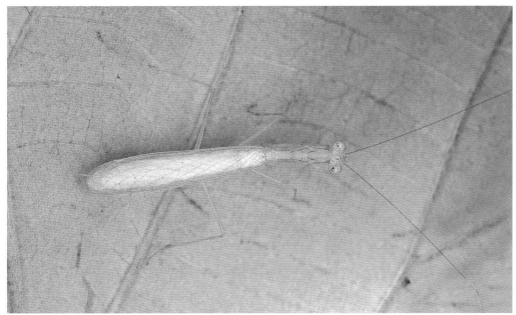

云南细螳 *Miromantis yunnanensis* (Wang, 1993)（上雌下雄）　摄于云南勐腊

9．矮螳属 *Nanomantis* Saussure, 1871

synonym: *Gyrothespis* Werner, 1928; *Profulcinia* Giglio-Tos, 1915

Type species: *Nanomantis australis* Saussure

小而纤细的螳螂，黄绿色。前胸与前足股节长度近等。前足胫节外列刺7枚；自端部向基部，第6枚长于第5枚。雄性翅发达，雌性稍短，不能覆盖整个腹部；前翅窄而狭长，透明，前缘域不加厚。

国内分布：云南、西藏。

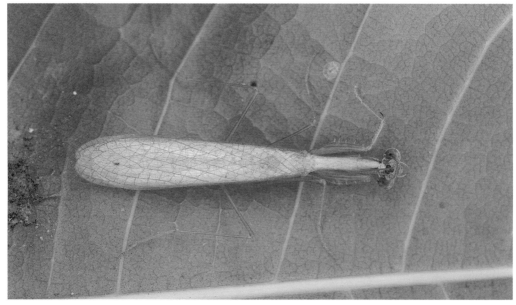

云南矮螳 *Nanomantis yunnanensis* Wang, 1993（上雌下雄）　摄于云南盈江

IV. 跳螳科 Gonypetidae AT, PL, OR

10. 虎甲螳属 *Tricondylomimus* Chopard, 1930

synonym: *Pseudogousa* Tinkham, 1937

Type species: *Tricondylomimus coomani* Chopard

体小至中型的树栖螳螂。头大，宽于身体；复眼隆起。前胸背板长度近等于前足股节。两性翅均不超过腹端，前翅不透明，并稍隆起。中后足长而强壮，后足显著长于体长。

国内分布：福建、海南、广西、云南。

绿脉虎甲螳 *Tricondylomius mirabiliis* (Beier, 1935) （上雌下雄）　下图为李超摄于海南尖峰岭

11. 瑕螳属 *Spilomantis* Giglio-Tos, 1915

Type species: *Hapalopeza occipitalis* Westwood

体小型的褐色螳螂。前胸背板长度近等于前足股节。两性翅发达，前翅透明，不隆起；翅室大而规整。中后足稍长且强壮。

国内分布：福建、广东、海南、香港、澳门、广西、四川、贵州、云南。

顶瑕螳 *Spilomantis occipitalis* (Westwood, 1889) （雌）　李超摄于海南尖峰岭

顶瑕螳 *Spilomantis occipitalis* (Westwood, 1889) （雌性若虫）　郑昱辰摄于广东深圳

12. 小跳螳属 Amantis Giglio-Tos, 1915

synonym: *Cimantis* Giglio-Tos, 1915

Type species: *Mantis (Oxypilus) reticulata* De Haan

小型、褐色的底栖螳螂。前胸背板长稍短于前足股节。两性翅多型，发达、短小或近缺失。前翅不透明或半透明，翅室较大。后足跗节的基跗节长于其他跗节之和。

国内分布：江苏、安徽、浙江、湖北、江西、湖南、福建、台湾、广东、海南、广西、贵州、云南、西藏。

五指山小跳螳 *Amantis wuzhishana* Yang, 1997（雌）　摄于海南鹦哥岭

长翅小跳螳 *Amantis longipennis* Beier, 1930（雄）　摄于云南金平

13. 跳螳属 *Gonypeta* Saussure, 1869

Type species: *Mantis* (*Oxypilus*) *punctata* Haan

小型、褐色的底栖螳螂。前胸背板长稍短于前足股节。雌性短翅，雄性翅发达。前翅半透明至不透明，翅室较小，不规则。后足跗节中，基跗节不明显长于其余各节之和。

国内分布：海南、香港、云南。

布氏跳螳 *Gonypeta brunneri* Giglio-Tos, 1915（上雌下雄）　李超摄于海南尖峰岭

14. 捷跳螳属 *Gimantis* Giglio-Tos, 1915

synonym: *Eumantis* Giglio-Tos, 1915

Type species: *Gonypeta authaemon* Wood-Mason

小型的褐色螳螂，稍扁平，生活时常紧贴树干。前胸背板长稍短于前足股节。雌雄显著异型：雌性短翅，前翅不透明，后翅明黄色具黑色边缘；雄性翅发达，前翅半透明，后翅无色。

国内分布：云南。

中南捷跳螳 *Gimantis authaemon* (Wood-Mason, 1882)（上雌下雄）　摄于云南勐腊

15. 石纹螳属 *Humbertiella* Saussure, 1869

synonym: *Theopompula* Giglio-Tos

Type species: *Humbertiella ceylonica* Saussure

中型且扁平的褐色螳螂，生活时常紧贴树干。前胸背板近方形，短于前足股节。雌性短翅，前翅不透明，后翅紫黑色且具金属光泽；雄性翅发达或稍短于腹部，前翅半透明，后翅无色或同雌性。两性前翅前缘域不显著加宽。腹部各节侧缘具不显著的圆片状扩展。

国内分布：海南、云南。

那大石纹螳 *Humbertiella nada* Zhang, 1986（上雌下雄）　摄于海南尖峰岭

16. 广缘螳属 *Theopompa* Stål, 1877

synonym: *Theopompa* (*Theopompella*) Giglio-Tos

Type species: *Mantis servillei* De Haan

大型且扁平的褐色螳螂，生活时常紧贴树干。前胸背板近方形，短于前足股节。雌雄显著异型：雌性短翅，前翅不透明，后翅紫黑色且具金属光泽；雄性翅发达，前翅半透明，后翅无色或稍带褐色。两性前翅前缘域显著加宽，尤其雄性，可接近翅宽的一半。腹部各节侧缘具显著的圆片状扩展。

国内分布：福建、台湾、海南、广西、四川、贵州、云南、西藏。

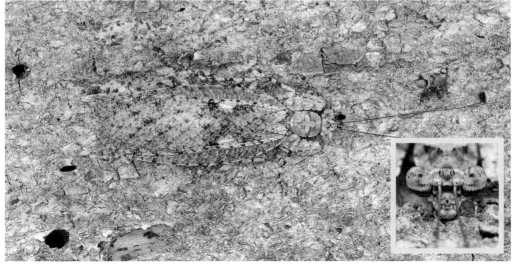

宽斑广缘螳 *Theopompa ophthalmica* (Olivier, 1792) （上雌下雄）　摄于海南五指山

宽斑广缘螳 *Theopompa ophthalmica* (Olivier, 1792)（雄）　摄于海南五指山

17. 闽螳属 *Mintis* Yang, 1999

Type species: *Mintis septemspina* Yang

中等体型的树皮螳螂。闽螳属的外形非常近似广缘螳属，但体型显著较小；雄性翅短，仅稍及腹部末端；后翅不透明。本属在发表时所标注的雄性下生殖板无刺突的特征，经检视模式标本及大量模式产地标本，证实是因模式标本破损所致。

闽螳属仅包含七刺闽螳 *Mintis septemspina* 一种。从雄性前翅宽大的前缘域及胸腹侧的斑纹色彩来看应与广缘螳属 *Theopompa* 关系更近而非石纹螳属 *Humbertiella*，但闽螳属的雌性与广缘螳属 *Theopompa* 无法区分，因此或许作为后者的亚属更为合适。

国内分布：福建。

七刺闽螳 *Mintis septemspina* Yang, 1999（上雄下雌）　摄于福建武夷山

V. 角螳科 Haaniidae OR

18. 艳螳属 *Caliris* Giglio-Tos, 1915

Type species: *Iris masoni* Westwood

体态匀称的中型绿色螳螂，前胸背板稍长于前足股节。前足胫节具 6 枚外列刺，自端部向基部第 6 刺长于第 5 刺。两性异型：雌性短翅，前翅不透明，后翅具显著的黑色斑纹；雄性翅发达，前翅半透明，后翅透明无斑纹。

国内分布：江西、福建、广东、广西、云南。

马氏艳螳 *Caliris masoni* (Westwood, 1889)（上雌下雄）　摄于云南勐腊

美丽艳螳 *Caliris melli* Beier, 1933（雌）　摄于广西桂林

作者在云南盈江地区考察的工作照，在这个范围采到包括艳螳属在内的 10 余种螳螂

19. 缺翅螳属 *Arria Stål*, 1877

synonym: *Palaeothespis* Tinkham, 1937

Type species: *Arria cinctipes* Stål

小至中型，底栖的褐色螳螂，前胸背板长度稍长于前足股节。两性显著异型：雌性完全无翅，腹部背板背侧常具向上的叶状扩展；雄性纤细，翅非常发达，前翅狭窄，顶端尖，纵脉较直，其间两行翅室整齐排列。

国内分布：江苏、安徽、浙江、湖北、江西、湖南、福建、广东、广西、重庆、四川、贵州、云南、西藏。

淡色缺翅螳 Arria pallidus (Zhang, 1987)（上雌下雄） 摄于云南贡山

20. 华缺翅螳属 *Sinomiopteryx* Tinkham, 1937

Type species: *Sinomiopteryx grahami* Tinkham

中型、底栖的褐色螳螂，前胸背板长度近等于前足股节。两性显著异型：雌性完全无翅，腹部背板背侧常具向上的叶状扩展；雄性纤细，翅非常发达，前翅向端部逐渐宽阔，顶端圆钝，纵脉明显弯曲，其间翅室不规则。

国内分布：陕西、广西、重庆、四川、贵州、云南。

格华缺翅螳 *Sinomiopteryx grahami* Tinkham, 1937（上雌下雄）　摄于云南

21. 角螳属 *Haania* Saussure, 1871

synonym: *Ceratohaania* Tinkham, 1937; *Hystricomantis* Werner, 1922; *Parairidopteryx* Saussure, 1871

Type species: *Mantis* (*Oxypilus*) *lobiceps* de Haan

小型的苔藓色至褐色螳螂，沿复眼顶端具 1 对叶状突起。前胸背板长稍短于前足股节，前胸背板背侧具向上的叶状扩展。前足胫节刺稀疏，具背刺。两性翅均发达，雌性稍短；前翅不透明，后翅无色。中后足纤细而修长。

国内分布：海南。

海南角螳 *Haania hainanensis* (Tinkham, 1937) （上雌下雄） 摄于海南五指山

VI. 铆螳科 Rivetinidae AT, PL, OR

22. 搏螳属 *Bolivaria* Stål, 1877

Type species: *Mantis brachyptera* Pallas

大型的、生活在荒漠地区的褐色螳螂。前胸背板与前足股节长度近等。两性均短翅，前翅不透明，臀域宽大；后翅具明亮色彩。

国内分布：新疆。

短翅搏螳 *Bolivaria brachyptera* (Pallas, 1773)（上雌下雄）　摄于新疆塔城

23. 惧螳属 *Deiphobe* Stål, 1877

synonym: *Sphendale* Stål

Type species: *Phasmomantis infuscata* Saussure

大型的、生活在荒草地的褐色螳螂。前胸背板长于前足股节。两性异型：雌性短翅，前翅不透明，臀域宽大，后翅具明亮色彩；雄性长翅，但不超过腹端，前翅狭长，后翅烟褐色。两性肛上板明显延长。

国内分布：四川、云南、西藏。

尼泊尔惧螳 *Deiphobe mesomelas* (Olivier, 1792)（上雌、下左雄、下右雄若虫）　摄于西藏南部

尼泊尔惧螳 *Deiphobe mesomelas* (Olivier, 1792)（雌）　摄于西藏南部

VII. 埃螳科 Eremiaphilidae AT, PL, OR, MD

24. 蜢螳属 *Didymocorypha* Wood-Mason, 1877

synonym: *Pyrgocotis* Stål, 1877

Type species: *Didymocorypha ensifera* Wood-Mason

小型且纤细的褐色螳螂。头顶两侧延长并合拢成锥状。前胸背板长于前足股节。雄性翅透明，发达但不超过腹端，或完全无翅；雌性缺翅。尾须长，各节扁宽。

国内分布：西藏。

诗仙蜢螳 *Didymocorypha libaii* Wu & Liu, 2020（上雌下雄）　摄于西藏吉隆

25. 虹螳属 *Iris* Saussure, 1869

Type species: *Gryllus* (*Mantis*) *oratorius* Linnaeus

中型、体态匀称的螳螂，褐色或绿色。头顶平坦。前胸背板长度近等于前足股节。前足股节具 5 枚外列刺。雌性短翅，前翅不透明，后翅具鲜艳色彩；雄性翅发达，前翅狭长，后翅近似雌性，但色彩稍浅淡。

国内分布：宁夏、甘肃、新疆。

芸芝虹螳 *Iris polystictica* Fischer-Waldheim, 1846（雌） 摄于宁夏银川

VIII. 箭螳科 Toxoderidae AT, PL, OR, AU?

26. 虹芒螳属 *Heterochaetula* Wood-Mason, 1889 中国新纪录属

synonym: *Cheddikulama* Henry, 1932

Type species: *Heterochaetula tricolor* Wood-Mason

中型的杆状螳螂，黄褐色。头宽大，头后侧钝角状隆起，使头部呈五边形。前胸背板长度长于前足股节。两性翅均仅超过腹部之半，前翅狭长不透明，后翅具黑色斑纹。雌性尾须短而扁宽；雄性尾须显著加长，各节扁宽。

国内分布：云南。

茅虹芒螳 *Heterochaetula straminea* Giglio-Tos, 1927（雌）　摄于云南西双版纳

27. 漠芒螳属 *Severinia* Finot, 1902　中国新纪录属

Type species: *Severinia lemoroi* Finot

　　小型的杆状螳螂，褐色。复眼近锥状。前胸背板长于前足股节。雌雄异型，雄性长翅，但不及腹端；雌性短翅。尾须短而扁平。

　　国内分布：新疆。

土库曼漠芒螳 *Severinia turcomaniae* (Saussure, 1872)　王瑞摄于新疆石河子

28. 扁箭螳属 *Toxomantis* Giglio-Tos, 1914

Type species: *Toxomantis sinensis* Giglio-Tos

　　中型的枯枝状螳螂，褐色。头小，不宽于前胸背板。前胸背板长度稍长于前足股节，基部扁宽。中后足股节叶状扩展不显著。两性翅均仅超过腹部之半，前翅狭长不透明，后翅无斑纹。两性尾须长，各节扁宽；最后一节显著加长。

　　国内分布：广东、海南、广西、云南。

中华扁箭螳 *Toxomantis sinensis* Giglio-Tos, 1914　郭峻峰摄于云南景洪

29. 伪箭螳属 *Paratoxodera* Wood-Mason, 1889

Type species: *Paratoxodera cornicollis* Wood-Mason

大型的枯枝状螳螂，褐色。复眼顶端具刺状延伸。前胸背板长于前足股节，直，不弯曲。两性翅长均仅达腹部之半。中后足股节背腹侧均具明显的叶状扩展。腹部第 5 — 6 节背板具向上的叶状扩展。尾须扁宽，端节无显著缺口。

国内分布：云南。

梅氏伪箭螳 *Paratoxodera meggitti* Uvarov, 1927（雄）　摄于云南勐腊

30. 箭螳属 Toxodera Serville, 1837

Type species: *Toxodera denticulata* Serville

大型至巨大型的枯枝状螳螂，褐色、苔藓色或呈鲜明的橘红色。复眼顶端具刺状延伸。前胸背板长于前足股节，显著弯曲。两性翅长均仅达腹部之半。中后足股节背腹侧均具明显的叶状扩展。腹部第5－6节背板具向上的叶状扩展。尾须扁宽，端节具有显著的缺口。

国内分布：广西、云南。

杂斑箭螳 *Toxodera maculata* Ouwens, 1913（雄） 张永仁摄于云南盈江

赫氏箭螳 *Toxodera hauseri* Roy, 2009（雄） 摄于云南普洱

IX. 锥螳科 Empusidae AT, PL, OR, MD

31. 锥螳属 *Empusa* Illiger, 1798

Type species: *Mantis pauperata* Fabricius

中型且消瘦的螳螂，黄绿色，身体具斑驳的明暗纹路。头顶具锥状延伸。雄性触角双栉状。前胸背板修长，长于前足股节。中后足股节顶端具 1 个半圆形扩展。两性翅发达，前翅半透明至不透明，后翅无斑纹。

国内分布：新疆。

螳螂的自然史

Natural history of Mantodea

浅色锥螳 *Empusa pennicornis* (Pallas, 1773)（上雌下雄）　王瑞摄于新疆石河子

X. 花螳科 Hymenopodidae AT, PL, OR, MD, AU

32. 原螳属 *Anaxarcha* Stål, 1877

synonym: *Anaxandra* Kirby, 1904; *Parastatilia* Werner, 1922

Type species: *Anaxarcha graminea* Stål

中型、体态匀称的绿色螳螂。复眼卵圆形，头顶具 1 个不明显的小角。前胸背板狭长，稍长于前足股节。中后足股节无叶状物。两性翅均发达，前翅不透明，翅室小而密集，无斑纹。

国内分布：安徽、浙江、湖北、江西、湖南、福建、广东、海南、广西、重庆、四川、贵州、云南、西藏。

中华原螳 *Anaxarcha sinensis* Beier, 1933（雌）　摄于湖南凤凰

中华原螳 *Anaxarcha sinensis* Beier, 1933（雌）
摄于湖南凤凰

沟斑原螳 *Anaxarcha acuta* Beier, 1963（雄）　摄于西藏墨脱

33. 羲和螳属 *Heliomantis* Giglio-Tos, 1915

synonym: *Deiroharpax* Werner, 1916; *Paraspilota* Bolivar, 1913

Type species: *Polyspilota elegans* Navas

中型稍大、体态匀称的绿色螳螂。复眼卵圆形，头顶具 1 个小角。前胸背板狭长，稍长于前足股节。中后足股节端部具 1 枚不显著的小叶状扩展。两性翅均发达，前翅不透明，翅室小而密集，无斑纹。

国内分布：西藏。

端斑羲和螳 *Heliomantis elegans* (Navas, 1904)（雄）　摄于西藏樟木

34. 齿螳属 *Odontomantis* Saussure, 1871

synonym: *Antissa* Stål, 1871; *Euantissa* Giglio-Tos, 1927

Type species: *Mantis* (*Oxypilus*) *planiceps* Haan

小型，短粗而紧凑的螳螂。复眼卵圆形，头顶具 1 个不明显的小角。前胸背板短宽，短于前足股节。中后足股节无叶状物。两性翅均发达，但仅稍达腹端；前翅不透明，翅室小而密集。

国内分布：河南、陕西、甘肃、江苏、安徽、浙江、湖北、江西、湖南、福建、台湾、广东、海南、广西、重庆、四川、贵州、云南、西藏。

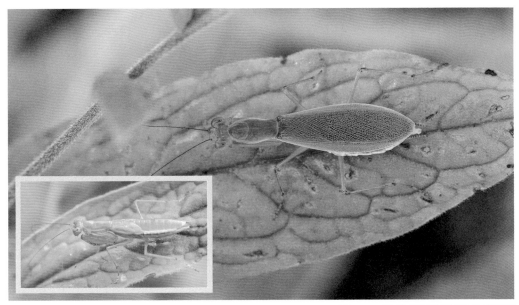

察隅齿螳 *Odontomantis chayuensis* Zhang, 1987（上雌下雄）　摄于西藏察隅

云南齿螳 *Odontomantis monticola* Beier, 1933（雌）　摄于云南昆明

西藏齿螳 *Odontomantis xizangensis* Zheng, 1989（雌）　摄于西藏墨脱

35. 耀螳属 *Nemotha* Wood-Mason, 1884

Type species: *Nemotha metallica* Westwood

小型、紧凑的明黄色螳螂，通体具金属光泽。复眼卵圆形，头顶具 1 个不明显的小角。前胸背板短宽，并在基部显著缢缩。前胸背板长度短于前足股节。中后足股节无叶状物。两性翅均发达，前翅不透明，翅室小而密集，无斑纹。

国内分布：云南。

金色耀螳 *Nemotha metallica* Westwood, 1845（上雌下雄）　摄于云南西部

36. 花螳属 *Hymenopus* Serville, 1831

synonym: *Hymenopa* Serville, 1839

Type species: *Mantis coronatus* Olivier

大型的白色螳螂，复眼顶端尖锐，头顶具角突。前胸背板短小，卵圆形，显著短于前足股节。两性翅均发达，雌性前后翅均不透明；雄性前翅半透明，后翅无色透明。中后足股节均具宽大的花瓣状扩展。雌雄体型显著异型：雌性大而强壮，雄性瘦小，体长仅为雌性的1/3。

国内分布：云南。

冕花螳 *Hymenopus coronatus* (Olivier, 1792)（雌及雌性若虫）　摄于云南勐腊

冕花螳 *Hymenopus coronatus* (Olivier, 1792)（雄）　摄于云南勐腊

37. 弧纹螳属 *Theopropus* Saussure, 1898

Type species: *Blepharis elegans* Westwood

大型、粗壮的花螳。复眼尖卵形，头顶具小角。前胸背板短，背侧观近三叶草形，显著短于前足股节。两性翅均发达，但雌性稍短。两性前翅中部均具 1 条浅色横带。中后足股节端部具 1 枚不显著的叶状扩展。雌雄体型显著异型：雌性大而强壮，雄性瘦小，体型仅有雌性的一半。

国内分布：湖南、福建、广东、海南、广西、贵州、云南、西藏。

琼崖弧纹螳 *Theopropus sinecus qiongae* Wu & Liu, 2021（雌）　张嘉致摄于海南乐东

倾城弧纹螳 *Theopropus xishiae* Wu & Liu, 2021（雄）　摄于西藏墨脱

中华弧纹螳 *Theopropus sinecus sinecus* Yang, 1999（雌）　摄于广西桂林

38. 眼斑螳属 *Creobroter* Serville, 1839

synonym: *Creoboter* Burmeister, 1840; *Creobotra* Saussure, 1869; *Creobrotra* Saussure, 1898

Type species: *Creobroter discifera* Serville

中型、体态粗壮的花螳。复眼尖卵形，头顶具小角。前胸背板短，卵圆形，显著短于前足股节。两性翅均发达，但雌性稍短。两性前翅中部均具圆形的浅色斑，这个浅色斑外缘常具黑色弧纹；后翅常具鲜艳色彩。中后足股节端部具 1 枚不显著的叶状扩展。两性体长近等，但雄性显著修长。

　　国内分布：安徽、浙江、湖北、江西、湖南、福建、广东、海南、香港、广西、重庆、四川、贵州、云南、西藏。

明端眼斑螳 *Creobroter apicalis* (Saussure, 1869)（上雌下雄）　摄于云南普洱

透翅眼斑螳 *Creobroter vitripennis* Beier, 1933（雌） 摄于湖南凤凰

湖南湘西地区，稻田周围的草丛即是透翅眼斑螳的栖息地

39. 拟睫螳属 *Parablepharis* Saussure, 1870

Type species: *Mantis (Blepharis) kuhlii* de Haan

大型、枯叶状的褐色螳螂。复眼卵形，头顶具 1 个锥状突起。前胸背板长度近等于前足股节，两侧具轮廓不规则的枯叶状扩展；使前胸背板背侧观近三角形。中后足股节腹侧具不规则扩展。两性异型：雌性前后翅均不透明，前翅隆起；雄性前翅半透明，平而窄长。雌性腹部宽阔，两侧具叶状扩展物。

国内分布：广东、海南、广西、云南。

中南拟睫螳 *Parablepharis kuhlii asiatica* Roy, 2008（雌）　摄于海南尖峰岭

中南拟睫螳 *Parablepharis kuhlii asiatica* Roy, 2008（雄）　摄于云南勐腊

40. 屏顶螳属 *Phyllothelys* Wood-Mason, 1876

synonym: *Kishinouyeum* Ôuchi, 1938

Type species: *Phyllothelys westwoodi* Wood-Mason

中型、枯枝状的褐色螳螂，少数苔藓色。头顶具 1 个长而扁平的角状物，但有时在雄性中萎缩。前胸背板修长，长于前足股节。中后足股节腹侧具不规则扩展物。两性翅均发达，但雌性中稍短。部分种腹部侧缘具叶状扩展。

国内分布：河南、陕西、江苏、安徽、浙江、湖北、江西、湖南、福建、台湾、广东、海南、广西、重庆、四川、贵州、云南。

陕西屏顶螳 *Phyllothelys shaanxiense* (Yang, 1999)（雌）　摄于陕西华阳

角胸屏顶螳 *Phyllothelys cornutum* (Zhang, 1988)（雌）　摄于福建武夷山

陕西屏顶螳 *Phyllothelys shaanxiense* (Yang, 1999)（雌）　　摄于陕西华阳

短屏顶螳 *Phyllothelys breve* (Wang, 1993)（雄）　　李超摄于云南临沧

41. 角胸螳属 *Ceratomantis* Wood-Mason, 1876

Type species: *Ceratomantis saussurii* Wood-Mason

小型的鸟粪状螳螂，雌雄异型明显。头顶具明显的锥状突起。前胸背板短小，背侧具锥状物。前足股节长于前胸背板，背侧扩展明显。雌性短胖，前翅不透明，不超过腹部末端；雄性前翅透明，狭长。

国内分布：海南、云南。

索氏角胸螳 *Ceratomantis saussurii* Wood-Mason, 1876（上雌下雄）　摄于云南勐腊

42. 异巨腿螳属 *Astyliasula* Schwarz & Shcherbakov, 2017

Type species: *Hestiasula phyllopus* Haan

中型的褐色螳螂。头近三角形，无角状突起。前胸背板短小，显著短于前足股节。前足股节背侧具宽大的半圆形扩展。雌雄异型：雌性短胖，翅稍短于腹部，前翅不透明，后翅具明亮色彩；雄性修长，翅发达，前翅半透明。雄性下生殖板缺刺突。

国内分布：浙江、江西、湖南、福建、台湾、广东、海南、广西、重庆、四川、贵州、云南、西藏。

霍氏异巨腿螳 *Astyliasula hoffmanni* (Tinkham, 1937)（雌）　摄于海南五指山

基黑异巨腿螳 *Astyliasula basinigra* (Zhang, 1992)（雄）　摄于云南勐腊

云南南部山地的晚霞，作者曾在这个考察点采到包括基黑异巨腿螳在内的 30 余种螳螂

43. 舞螳属 Catestiasula Giglio-Tos, 1915

Type species: *Pachymantis nitida* Brunner de Wattenwyl

小型、富有光泽的褐色螳螂。头顶具小的角状突起。前胸背板短小，显著短于前足股节。前足股节背侧具宽大的半圆形扩展。两性翅均发达，前翅透明且具虹彩，翅室宽大规整；后翅透明无色彩。雄性下生殖板具刺突。

国内分布：云南。

半黑舞螳 *Catestiasula seminigra* (Zhang, 1992)（雄）　摄于云南勐腊

44. 枝螳属 *Ambivia* Stål, 1877

Type species: *Mantis undata* Fabricius

中型的枯枝状螳螂，褐色。复眼卵圆形，头顶具小角。前胸背板粗壮，长于前足股节。前足基节端部背侧具 1 枚小的叶状物。中后足股节端部具小的叶状扩展。两性翅均发达，不透明至半透明。

国内分布：广东、广西、云南。

中印枝螳 *Ambivia undata* (Fabricius, 1793)　摄于云南盈江

45. 姬螳属 Acromantis Saussure, 1870

Type species: *Mantis oligoneura* De Haan

小至中型、体态匀称的褐色螳螂。复眼卵型，头顶具小角。前胸背板长于前足股节，横沟处宽阔。中后足股节端部具小的叶状扩展。两性翅均发达，前翅在雌性中不透明。后翅前缘域顶端平截。

国内分布：浙江、湖北、江西、湖南、福建、台湾、广东、海南、香港、澳门、广西、四川、贵州、云南、西藏。

壮姬螳 *Acromantis grandis* Beier, 1930（雌及雌性若虫）摄于云南盈江

姬螳属某种 *Acromantis* sp.（雄）　摄于云南勐腊

壮姬螳 *Acromantis grandis* Beier, 1930（雌） 摄于云南盈江

46. 苔螳属 *Majangella* Giglio-Tos, 1915

synonym: *Ephippiomantis* Werner, 1922

Type species: *Majangella moultoni* Giglio-Tos

中型的苔藓色螳螂，体态匀称。近似姬螳属，但前胸背板背侧具锥状物，后翅顶端圆润。
国内分布：云南。

莫氏苔螳 *Majangella moultoni* Giglio-Tos, 1915（雄） 摄于马来西亚

XI. 枯叶螳科 Deroplatyidae OR, AT, MD

47. 孔雀螳属 *Pseudempusa* Brunner v. W., 1893

Type species: *Pseudempusa pinnapavonis* Brunner

大型、枯草状的褐色螳螂。头三角形。前胸背板修长，稍具弧度，横沟处扩展明显。前胸背板长于前足股节。中后足股节无扩展物。雌性短翅，雄性翅超过腹部末端；前翅不透明，后翅具显著斑纹。

国内分布：云南。

华丽孔雀螳 *Pseudempusa pinnapavonis* (Brunner von Wattenwyl, 1892)　摄于云南普洱

华丽孔雀螳 *Pseudempusa pinnapavonis* (Brunner von Wattenwyl, 1892)（雌性若虫）　摄于云南勐腊

华丽孔雀螳 *Pseudempusa pinnapavonis* (Brunner von Wattenwyl, 1892)（雄） 摄于云南盈江

华丽孔雀螳 *Pseudempusa pinnapavonis* (Brunner von Wattenwyl, 1892)（雌） 摄于云南勐腊

XII. 螳科 Mantidae AT, PL, OR, AU, NT, MD, AN, NA

48. 亚叶螳属 *Asiadodis* Roy, 2004

Type species: *Choeradodis squilla* Saussure

大型的绿叶状螳螂。头三角形，前胸背板侧缘扩展显著，前缘包裹住头部。前足股节长度短于前胸背板。两性翅均发达，雌性前翅不透明，雄性半透明；后翅无斑纹。

国内分布：云南。

云南亚叶螳 *Asiadodis yunnanensis* (Wang et Liang, 1995)（雌）　摄于云南景洪

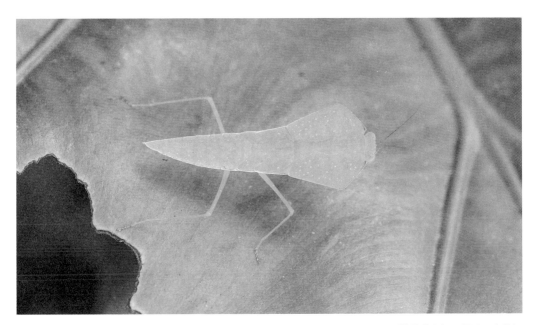

云南亚叶螳 *Asiadodis yunnanensis* (Wang et Liang, 1995)（雄性若虫）　摄于云南盈江

49. 螳属 *Mantis* Linnaenus, 1758

synonym: *Mantes* Geoffroy, 1764

Type species: *Gryllus religiosus* Linne

中至大型、体态匀称的螳螂，褐色或绿色。前胸背板近等于前足股节，前足基节内侧常具斑纹。前足股节爪沟位于中部。两性翅均发达，后翅无斑纹。

国内分布：黑龙江、吉林、辽宁、内蒙古、北京、天津、河北、山西、山东、河南、陕西、宁夏、甘肃、青海、新疆、江苏、上海、安徽、浙江、湖北、江西、湖南、福建、台湾、广东、海南、香港、澳门、广西、重庆、四川、贵州、云南、西藏。

薄翅螳 *Mantis religiosa* (Linnaenus, 1758)（雌）　摄于云南昆明

薄翅螳 *Mantis religiosa* (Linnaenus, 1758)（雄）　摄于河北蓟县

50. 静螳属 *Statilia* Stål, 1877

Type species: *Pseudomantis nemoralis* Saussure

小至中型、体态匀称的褐色螳螂，少数个体绿色。前胸背板长于前足股节，前足股节内侧常具斑纹。前足股节爪沟位于中部之前。两性翅均发达，后翅褐色具斑或无色。

国内分布：辽宁、北京、天津、河北、山西、山东、河南、陕西、甘肃、江苏、上海、安徽、浙江、湖北、江西、湖南、福建、台湾、广东、海南、香港、澳门、广西、重庆、四川、贵州、云南、西藏。

棕静螳 *Statilia maculata* (Thunberg, 1784)　摄于北京海淀

51. 半翅螳属 *Mesopteryx* Saussure, 1870

Type species: *Mesopteryx alata* Saussure

大型至巨大型、体态匀称的螳螂。头三角形，前胸背板长于前足股节，前胸侧缘具扩展。雌性短翅，雄性翅发达但不超过腹部末端。后翅无色透明。

国内分布：福建、台湾、广东、广西。

南洋半翅螳 *Mesopteryx alata* Saussure, 1870（上雌下雄）　黄仕傑摄于台湾

52. 刀螳属 *Tenodera* Burmeister, 1838

synonym: *Paratenodera* Giglio-Tos, 1912

Type species: *Mantis fasciata* Olivier

大型至巨大型、体态匀称、修长而强壮的螳螂。头三角形，前胸背板长于前足股节，侧缘无扩展。前足内侧无斑纹。两性翅均发达，后翅无色或深色具斑。

国内分布：辽宁、内蒙古、北京、天津、河北、山西、山东、河南、陕西、宁夏、甘肃、江苏、上海、安徽、浙江、湖北、江西、湖南、福建、台湾、广东、海南、香港、澳门、广西、重庆、四川、贵州、云南、西藏。

中华刀螳 *Tenodera sinensis* Saussure, 1870（上雌下雄）　摄于北京海淀

53. 菱背螳属 *Rhombodera* Burmeister, 1838

Type species: *Mantis (Rhombodera) valida* Burmeister

大型的绿叶状螳螂。头三角形，前胸背板侧缘扩展显著，前缘收缩，不包裹头部。前足股节长度短于前胸背板。两性翅均发达，雌性前翅不透明，雄性半透明；后翅无斑纹，前翅翅痣显著。

国内分布：香港、广西、云南。

宽胸菱背螳 *Rhombodera latipronotum* Zhang, 1990（上雌下雄）   摄于云南勐腊

宽胸菱背螳 *Rhombodera latipronotum* Zhang, 1990 （雌性若虫）　摄于云南勐腊

54. 斧螳属 *Hierodula* Burmeister, 1838

synonym: *Parhierodula* Giglio-Tos, 1912; *Rhomboderula* Giglio-Tos, 1912

Type species: *Hierodula membranacea* Burmeister

中至巨大型的，体态匀称而强壮的螳螂。褐色或绿色，无斑纹，但前翅翅痣常为鲜明的白色。前胸背板形态多样，显著长于或至近等于前足股节；侧缘可能存有扩展。两性翅均发达，但在雌性中稍短，一些种雌性的前翅前缘域扩展明显。后翅透明，无色。

　　国内分布：辽宁、北京、天津、河北、山西、山东、河南、陕西、宁夏、甘肃、新疆、江苏、上海、安徽、浙江、湖北、江西、湖南、福建、台湾、广东、海南、香港、澳门、广西、重庆、四川、贵州、云南、西藏。

中华斧螳 *Hierodula chinensis* Werner, 1929 （雌）　摄于湖北恩施

中华斧螳 *Hierodula chinensis* Werner, 1929（雄）　摄于湖北恩施

广斧螳 *Hierodula patellifera* (Serville, 1839)（雌）　摄于北京密云

55. 巨斧螳属 *Titanodula* Vermeersch, 2020

Type species: *Titanodula attenboroughi* Vermeersch

体形硕大、修长但壮实的螳螂。前胸背板修长，长于前足股节。两性翅均发达，超过腹端，雄性前翅中域透明。成熟个体的身体背侧，尤其是前胸背板背侧常具蜡质白粉。巨斧螳属的外形非常近似于一部分斧螳属物种，但前者雄性外生殖器下阳茎叶具 1 对紧邻的端钩。巨斧螳属与目前定义下的斧螳属的关系依旧有一些显而易见的问题，尚待日后的进一步研究。

国内分布：安徽、浙江、湖北、江西、湖南、福建、台湾、广东、海南、香港、广西、贵州、云南。

台湾巨斧螳 *Titanodula formosana* (Giglio-Tos. 1912) （雌性及若虫）　朱卓青摄于浙江天目山

台湾巨斧螳 *Titanodula formosana* (Giglio-Tos. 1912) （雄）　摄于海南黎母山

56. 短背螳属 *Rhombomantis* Ehrmann & Borer, 2015

Type species: *Rhombodera butleri* Wood-Mason

大型、体态匀称的螳螂。非常近似斧螳属，但前胸背板宽阔，不长于前足股节；前胸背板侧缘加厚，并非如菱背螳属般为薄的扩展物。两性翅均发达，后翅无色透明。

国内分布：云南。

杂斑短背螳 *Rhombomantis fusca* (Lombardo, 1992)（雄）　摄于云南盈江

长翅短背螳 *Rhombomantis longipennis* Wang, Ehrmann & Borer, 2021（雄）　摄于云南保山

57. 巧斧螳属 Dracomantis Shcherbakov et Vermeersch, 2020

Type species: *Dracomantis mirofraternus* Shcherbakov et Vermeersch

中小型、体态紧凑壮实的螳螂。前胸背板长近等于前足股节。巧斧螳属的外形非常近似于斧螳属，但前胸背板沟后区中脊棱状，十分明显。

国内分布：云南。

越南巧斧螳 *Dracomantis mirofraternus* Shcherbakov et Vermeersch, 2020（雄）　摄于云南景洪

58. 半斧螳属 *Ephierodula* Giglio-Tos, 1912

synonym: *Montamantis* Yang, 1999

Type species: *Ephierodula heteroptera* Werner

大型、体态修长的螳螂。前胸背板长于前足股节。半斧螳属的外形非常近似于斧螳属，但体褐色，前足内侧有明显斑纹。雄性肛上板具 1 对棒状突起。

国内分布：福建、海南、云南。

梅花半斧螳 *Ephierodula meihuashana* (Yang, 1999)（雄）　摄于海南尖峰岭　若虫图由王冬冬提供

59. 湄公螳属 *Mekongomantis* Schwarz, Ehrmann & Shcherbakov, 2018

Type species: *Mekongomantis quinquespinosa* Schwarz, Ehrmann & Shcherbakov

大型的、体态匀称、稍显修长的螳螂。近似斧螳属，但前足股节外列刺 5 枚。前胸背板长于前足股节，无扩展。两性翅均发达，后翅无色透明。尾须细长，端部数节显著延长。

国内分布：云南。

五刺湄公螳 *Mekongomantis quinquespinosa* Schwarz, Ehrmann & Shcherbakov, 2018（上雌下雄）　摄于云南勐腊

曾记录于中国的以下几个属，我在各院校馆藏中皆未见标本，且在我多年的采集中也并未发现；从目前确定的分布范围来看，亦不太可能分布在中国。这些误判可能是早年西方采集者对"China"的范围界定模糊所致，应予以删除。

　　埃螳科 裂头螳属 *Schizocephala* Audinet-Serville, 1831

　　原记录种：*Schizocephala bicornis* (Linnaeus, 1758) (Wu, 1935)

　　角螳科 异角螳属 *Astape* Stål, 1877

　　原记录种：*Astape denticollis* Stål, 1877 (Ehrmann, 2002)

　　锥螳科 琴锥螳属 *Gongylus* Thunberg, 1815

　　原记录种：*Gongylus gongylodes* (Linnaeus, 1758) (Wu, 1935)

停歇在路边植物上的中华刀螳 *Tenodera sinensis* Saussure, 1870　摄于北京西山

六 寻找和采集 螳螂

　　找到一只螳螂确实不是信手拈来的事。我们可以通过搜索成片的绿色植物来发现螳螂的踪迹，但显然这并不是每次都能成功。对于适应性强的常见种而言，人工环境反而比天然环境更容易找到它们；尤其是常见且广布的中华刀螳*Tenodera sinensis*、广斧螳*Hierodula patellifera*、棕静螳*Statilia maculata*和薄翅螳*Mantis religiosa*，它们甚至可以出现在繁华城市中的狭窄绿地，人们日常散步就可能与之相遇。

　　而在自然环境——尤其天然林中，寻找螳螂常常更加困难。一些习性独特的物种，熟悉特殊生境会很有助于找到它们：在西北地区的戈壁灌丛中，不难发现芸芝虹螳*Iris polystictica*的身影；成簇开花的植物上，常常能发现齿螳属*Odontomantis*和其他中小型花螳；在热带地区有阳光照射的空旷树干上，怪螳属*Amorphoscelis*及广缘螳属*Theopompa*并不少见，而在郁闭林下则很难发现它们。尽管了解习性对寻找螳螂很有帮助，但多数螳螂依旧看似随机地出现在森林环境之中。

　　在夜晚用手电光寻找螳螂要远比白天容易，这些昆虫尽管在漫反射的自然光下看起来和背景环境难以区分，但在手电的直射强光下常常有着与背景植物截然不同的反光，因而能一目了然地发现它们。

诸如弧纹螳属 *Theopropus* 这样的花螳类螳螂，会对浅色的密集花序有一定的趋性，留意这样的开花植物常能找到隐藏其中的螳螂

道路边有阳光照射的灌丛上，相对容易发现螳螂的踪迹

扫网采集和震落法采集对于螳螂同样有效，尽管通常效率不高。我们可以用捕虫网随机地扫过路边的植物，有时就能将隐藏其中的螳螂捕入网中；突然敲打灌丛也可能使螳螂被震落，我们需要撑起一块白布来接纳震落的各种昆虫，并检查是否有螳螂混在其中。在扫网采集时要注意及时检查，以免在后续的挥扫动作中致伤螳螂。

不过即使如此，在如季雨林般立体的自然环境中找到螳螂的几率仍然不高。好在大多数螳螂在夜晚都有趋光性，因而在野外采集时，灯诱是收支比最好的一种采集方法；美中不足的是，大多数种类的螳螂只有雄性会飞到灯光附近，这也使得雌性标本常常更加难得。和常规采集的灯诱一样，我们至少需要一枚高压汞灯；一些专用的灯诱设备使用起来会更加方便，但如若没有，仅仅一块白布实际上也能达到相近的效果。对于密林环境，我们也可以选择使用黑光灯管进行小范围的灯诱，尤其在没有电力支持的地点，这样的灯诱方法效率颇高。如果皆无这些条件，那么在各种灯光附近巡查也是不错的采集螳螂的方法。常常能见到螳螂停在一些公园绿地的路灯附近；在保护区或森林公园之中，管护站或售票处的长明灯常常也能有让人惊喜的收获。除去灯诱采集法，布置飞行阻隔器及马氏网同样可以采到少量螳螂，但这些方法对于螳螂采集而言收效并不好。

网捕适用于对各种螳螂，尤其是栖息于树木高处的螳螂的采集

用棍棒敲打密集不易观察的植物，并用一方白布接住掉落物来筛选收集昆虫。震落法采集对于采集栖息在灌丛间的螳螂，尤其是小型若虫较为有效

被灯光吸引的雄性索氏角胸螳 *Ceratomantis saussurii* 摄于云南勐腊

在夜晚通过灯光诱捕是采集螳螂标本的重要方法，很多螳螂都在夜间活跃并有趋光性。但通常情况下，这种采集方法只能获得雄性样本，飞行能力较弱或丧失飞行能力的雌性则难以通过灯诱采集

马氏网（Malaise traps）为长期定点调查的采集设备，主要针对小型飞虫，偶尔也会有小型善飞的螳螂掉落陷阱

七 如何饲养一只 螳螂

已故的秋海棠分类研究大家、台湾的彭镜毅先生曾在他的著作《踏觅秋海棠》中写道"脚底有肥"，意思是种花时要上心的经常走动看看，这样才能及时发现问题，植物才能长好，就像脚底给植物添了"肥料"一样。其实对于养螳螂，或者说饲养各种动物，何尝不是如此？高频度的细心观察，往往才能在问题刚刚显露时便即刻解决，而做到这一点显然要发自内心的充满喜爱；因而每当有朋友问我如何把螳螂养好时，我常说"用爱就行"。实际上任何事情，不都是如此么？

言归正传，本部分来简单介绍下常规螳螂种类的饲养事宜，一些信息可能并不适用于极端环境中的特殊种；当然，饲养那些种类的朋友，也一定经验丰富，不用再看这里了。总而言之，这是入门级的饲养指南。从野外带回一只成年螳螂并让它活下来并非难事，无外乎给它能攀爬的地方、食物和不太干燥的环境就可以了。我小的时候，就常常把抓到的成年螳螂放在纱窗上，在那里它们能很好地攀附在网纱上，好几天不离开，偶尔丢一只蝗虫给它，就能养活一个来月甚至更久。当然，如果你是想从若虫，甚至想从卵养起，那也不是随随便便就能轻易做好的。本部分作者是有着多年螳螂饲养经验的夏兆楠先生。

● 正确地抓捕螳螂

找到一只螳螂并想将其带回饲养时，应以正确的方式抓获。螳螂的警惕性非常高，相对我们而言也很脆弱——尤其是小型种及若虫；为了保证抓捕的时候不伤到螳螂，我们要轻轻地将螳螂驱赶进容器或手上，同时可以轻轻吹气使其保持放松（许多种类螳螂会随风摆动身体从而达到拟态效果，轻轻吹气可以使螳螂感觉放松）。我们也可能在野外遇到螳螂的螵蛸，但注意，如若决定从螵蛸开始孵化饲养，那么要应对突然孵化大量若虫的棘手局面；没有经验和准备的饲养者常常很难应对，可能造成大量若虫的死亡。螵蛸的来源如是本地收集，在正常的自然孵化期内孵化的小若虫应及时放生；但如若是越冬卵被带入室内则可能导致在冬季提早孵化，这时放生若虫也不可行。因而没有足够的准备和经验，不建议大家将野外的螵蛸带回饲养。另外还需注意，如螵蛸的来源非本地，则无论本地有否分布该物种，孵化的小螳螂均不应放生，否则会对本地种群造成影响。如若非本地、甚至非国产的物种，则更应杜绝放生。

◉ 饲养容器的选择

　　当我们想要饲养一只螳螂时，饲养环境是我们首先应该考虑的问题。一个适合的饲养环境，对于螳螂的成长有着至关重要的作用，同时也有利于我们更好地体验饲养螳螂的乐趣。螳螂的饲养容器一般以透明塑料容器为主，一来方便饲主观察，二来易于获取。此外，网箱、生态缸等也是不错的选择。

在塑料盒内布置网纱即可做成简易的饲养容器，要注意空间不要过于狭小，也应时常喷水来维持湿度

在种植植物的雨林缸中饲养螳螂，可以获得较好的观赏效果，也易于维持湿度

▣ 容器的形状与大小

无论容器何种形状，只要能够为螳螂提供足够的活动空间即可。由于螳螂的生长需要蜕皮来完成，容器的高度应以大于螳螂体长 2.5 倍以上为佳。如若容器高度不足，螳螂在蜕皮时可能会触碰到容器底部，造成畸形甚至死亡。

▣ 容器内攀爬物的布置

螳螂通常以跗节端部的爪钩攀附爬行，容器内部过于光滑是不行的。大多数螳螂都喜欢以倒挂的姿态休息，因而容器内部需要布置一些适合攀爬吊挂的材料。我们可以选择合适大小的纱网，并用热熔胶枪将其粘贴在容器的顶部和侧壁，以便螳螂在容器中攀爬、歇息；无纺布贴纸、蚕丝纸，甚至枯枝干草也能作为替代品。但需要注意，这些攀附物要能承受住螳螂的自身重量；还有无纺布贴纸虽然简洁好用，但在粘贴时需要注意其边角是否贴牢靠，在平常也要观察边角是否翘起，这可能会粘住螳螂，对螳螂造成伤害；对于纱网来说，一些受伤、磨损导致跗节缺失的个体的足可能会卡在网目中，也会对螳螂造成伤害；枯草枯树枝在湿度过大时容易滋生细菌真菌，应注意替换。上述材料虽都有一定的安全隐患，但只要饲养时勤加检查，基本上是可以避免的。

▣ 其他饲养容器

网箱与生态缸同样可以饲养螳螂。网箱适用于饲养较大型的种类，通风条件良好，但不适用于饲养需要高湿度的种类。除此之外，一些跗节受伤的个体也应避免使用网箱饲养。生态缸与雨林缸适用于一些喜爱高湿环境的螳螂，能够很好地还原螳螂原生环境下的状态，保持良好的体色。景致与螳螂共赏诚美，但在用雨林缸饲养螳螂时应时刻遵循着一缸一螳的原则，否则便会有伤亡出现。饲养螳螂过程中，为保证螳螂的生命和健康，切不可混养或群养。

▣ 冬季加温

在较寒冷的季节我们可使用加温保暖的方式来延长螳螂的寿命或借此全年饲养。对于大部分螳螂来说，当温度低于 10℃ 时便可考虑给予加温；而对于一些热带种类的螳螂，在不及 15℃ 时便可给予加温。加温可以通过加热垫、加热灯、温控器等设备实现；热源切忌与螳螂饲养盒紧靠，以免温度过高。此外，加温时也需要格外注意湿度的维持。

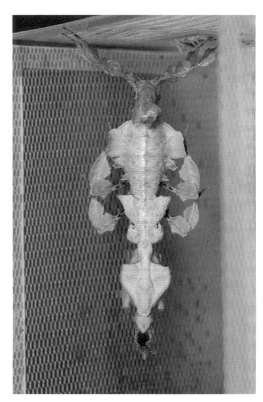

饲养环境中正在蜕皮的普通幽灵螳 *Phyllocrania paradoxa*，可以看到容器高度和顶部网纱的必要性，这 2 项对螳螂能否顺利蜕皮至关重要

◉ 螳螂的食物

在安排好螳螂住的问题后，接着就得解决好螳螂吃的问题。螳螂作为捕食性昆虫，食物以各种昆虫为主；理论上体型不大于螳螂的昆虫均可被螳螂捕食，但在人工饲养中我们建议选择体型小于螳螂的昆虫进行饲喂。作为食物的昆虫的大小一般以螳螂头部体积3倍左右为佳；如若过大，在密闭环境内可能造成螳螂的恐慌。假如没有体型合适的小昆虫，我们也可以将面包虫切成小块，用镊子夹起送到螳螂的嘴边喂食。用于投喂的昆虫种类没有特殊要求，但要注意的是食物的安全性。在户外捕捉昆虫准备饲喂螳螂时，首先要注意是否有农药污染的可能；其次，应避免投喂胡蜂、捕食性蝽斯、步甲等有攻击性的昆虫；此外，摇蚊、石蛾、蜉蝣等水生昆虫因可能携带铁线虫幼虫，也应排除。

我们在给螳螂投喂食物时，需预先观察螳螂是否饥饿。如果腹部较胀大，可以适当投喂小一些的食物；如果腹部扁平则可以投喂较大一些的食物。在温度较低时，螳螂新陈代谢减缓，此时不应让螳螂进食过多，否则可能造成未消化食物在腹部堆积变质从而引发疾病和死亡。

如今已经有很多用作活体饲料的昆虫可以在花鸟市场购得。这些昆虫为人工繁殖个体，通常没有农药污染的风险，我们只需要选择大小合适的昆虫个体，对螳螂进行投喂即可。需要注意的是，这些昆虫可能具有一定的攻击性，在投喂时，我们应观察螳螂将其捕食完毕，尽量避免让饲料昆虫滞留在螳螂饲养盒内，以免螳螂受伤。

在人工饲养环境下，本应绿色的螳螂个体常常会出现偏蓝的体色，这或许是因饲养环境缺乏阳光照射所致

宠物市场常见的，有规模化饲养及销售的饲料昆虫常见以下几种：

黄粉虫/面包虫 *Tenebrio molitor*

易于获取，但脂肪含量高，长期单一饲喂黄粉虫会对螳螂的健康造成一定影响，尤其对于花螳类、锥螳类等喜食鳞翅目昆虫的螳螂。

侧缘佘氏蠊/樱桃蟑螂 *Shelfordella lateralis*

体内脂肪含量较低，大小适中，适用于不同体型螳螂。但樱桃蟑螂在受到惊吓时会由腹部分泌黏液，螳螂误食后会对健康造成隐患。在投喂前，可以将樱桃蟑螂的腹部摘除，一来可以避免螳螂误食黏液，二来可以使螳螂摄入更少的脂肪。

疑仿硕蠊/杜比亚蟑螂 *Blaptica dubia*

爬行速度慢，体壁较硬，不易引起螳螂注意，脂肪含量适中，适用于大中型螳螂投喂，较樱桃蟑螂安全。

家蟋蟀 *Acheta domesticus*

体内脂肪含量较低，体壁柔软，但攻击性高。在投喂时，我们可以用镊子将蟋蟀的口器致伤，以保证螳螂安全。

除此之外，多样的食物对于螳螂健康成长也很重要；尤其对于育卵期的雌性螳螂来说，多样化的食物更有利于其产下形态完美的螵蛸，繁衍更多的后代。在户外的绿地中，我们不难见到一些小型昆虫，常见的蝗虫、蝴蝶、飞蛾、苍蝇等均可作为螳螂食材。选择这些昆虫投喂螳螂时，应注意大小合适、无农药污染且对螳螂无攻击性。

对于刚刚孵化的低龄螳螂及小型螳螂的饲养，上述食材的体型通常都显得过大，我们可以采购或自行培养一些小型昆虫作为食材。要注意，这些昆虫的培养需要一定的时间，因此要在螵蛸孵化前就做好准备。小型昆虫种类如下：

果蝇 *Drosophila* spp.

易于获取，繁殖速度快且大小合适；可广泛应用于低龄及小型螳螂食用。在使用果蝇投喂 1 龄螳螂若虫时，需注意一次不可投放过量，若虫进食过量可能会导致肠胃问题，出现呕吐、结粪等病害。此外，在较小的空间中，过多的果蝇也会造成螳螂若虫的恐慌。在温暖的季节，只需将腐烂的水果放置在室外，便可以诱捕果蝇。我们可以使用窄口瓶进行诱捕，以免大量果蝇逃逸。诱捕后，我们可以选择合适大小的容器，将适量水果和玉米粉、酵母粉均匀搅拌在一起，制作简易果蝇杯。也可以购买到成品果蝇杯或果蝇培养基，进行自主培育。

跳虫 *Collembola*

适用于角螳科及小型跳螳科等小型螳螂的低龄若虫。跳虫易于收集、饲养，在花盆中、林下腐殖土中均可发现其身影。我们只需取一个大小合适的容器，收集一些林下腐殖土，在容器中放置一些土豆片，并将其放置于阴暗处，不久便可以收获许多跳虫。

印度谷螟/米蛾 *Plodia interpunctella*

比较受花螳类、锥螳类等喜食飞虫的螳螂的喜爱。我们常可以在家中储藏的谷物附近发现它们，此时只需将已经生虫的谷物收集起来，放置在阴凉干燥的地方饲养即可。印度谷螟生活周期较长，需要更长的准备时间。

● 螳螂的蜕皮

▣ 如何分辨螳螂何时蜕皮

平日里食欲旺盛的螳螂若虫在一次次的进食后变得大腹便便，且数日后，活动能力减弱，常保持一个姿势倒挂；我们观察时，可明显感受到螳螂变得柔软而无力，此时，我们应注意到螳螂将要蜕皮。螳螂的蜕皮需要一定的时间，也应维持一定的湿度。螳螂若虫的蜕皮间隔一般在 10 — 40 天左右；低龄若虫、小型螳螂若虫和结束越冬滞育的个体蜕皮速率会加快，可能蜕皮间隔会缩短至 10 天以内。适宜的温度是十分重要的，低温会减缓螳螂的新陈代谢从而延缓蜕皮。螳螂若虫需获取充足的食物，储存较多的能量才会蜕皮转龄；因此，如若我们想减缓螳螂的生长速度，可以采取适度降低饲养温度、减少喂食的方法。但要注意，减少喂食应少食多餐，视螳螂的饥饿程度适当喂食，否则可能会导致螳螂过度饥饿而死亡。反之，如若我们想加快螳螂的生长，可以采取略微调高饲养温度、增加喂食以促进螳螂的发育。

▣ 螳螂蜕皮的注意事项

在我们观察到螳螂有蜕皮征兆后，就要尽量避免对螳螂的扰动，过多的体力消耗可能导致螳螂蜕皮的失败。此外，让螳螂饮用足够的水和保持一定的湿度是同样重要的。饮用足够的水可以让螳螂的体液保持充盈，合适的温度、湿度便于螳螂蜕皮成功。蜕皮时环境的布置应选择可以让螳螂的跗节抓牢的材料，制作完备的饲养盒可以满足大部分螳螂蜕皮需求；但对于一些大型螳螂的高龄次蜕皮需特殊布置，可使用粗糙的细树枝、粗麻绳甚至毛巾。

螳螂若虫末龄阶段，可明显观察到其翅芽已经发育较大，覆盖至腹部基部。在羽化成虫之前，翅芽将会持续发育膨大，此时更应注意以上事项，并使用小喷壶使螳螂摄取足够的水分和保持一定的湿度。螳螂羽化时，翅的伸展需要足够的体液，饮用充足的水分可以使其伸展完全；水分缺乏则可能导致翅伸展不全甚至羽化失败。

● 螳螂的繁殖

▣ 成虫的养护

我们将螳螂饲养成虫后即可考虑进行繁殖。一般雄性个体羽化 10 天后便可进行交配，而雌性个体以成虫 20 天左右或开始发情时为佳。在雌性螳螂成虫后，我们可适当提高环境温度，增加喂食量，让雌性螳螂能够更快地成熟。当我们观察到雌性螳螂的腹部末端会不时下弯时，这便是雌性螳螂成熟开始散发信息素的标志了。此时雌性螳螂卵巢中的卵已经发育成熟，散发信息素吸引雄性前来交配，这是最佳的配对时刻。

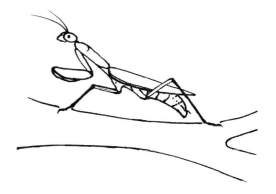

雌性螳螂如图示中这样时常下弯腹部，就是它做好交配准备的信号了

▣ 螳螂的交配

当我们准备让螳螂进行配对时，需准备一个较大的环境。我们可以选择一盆绿植或使用较大空间的饲养盒——只需能提供安静且足够大的环境即可。首先，我们应当安顿好雄性螳螂，使其保持安静。接着，放入成熟的雌性，并让其略微活动，使雄性能够注意到雌性的存在。当雄性保持警惕，注视着雌性时，我们可以投喂食物让雌性进食，这样能够让雄性放松警惕而接近雌性完成交配。我们需要注意：交配的螳螂应保证成熟，当雄性过于紧张而不敢接近雌性时可微微向其吹气使其放松。整个过程中我们需时刻注视，以防雄性受到攻击。如果进展不顺利，则应将二者分开，静养1—2天再重新尝试。

当雄性螳螂成功攀附在雌性背部并进行交配时，我们便可松一口气了。大部分螳螂的交尾可持续数小时，在此期间我们仍需定时查看，并在交尾完成后立即将双方分开，防止雄性被雌性捕食。在完成交配后的数小时或数天内，雌性会将形状不规则的精包体排出；雌性在数天内不会继续下弯腹部，则表明交配已经成功。

▣ 产卵

如若雌性螳螂体内卵发育较成熟，在完成交尾后的数天内即可产下螵蛸。大型螳螂的螵蛸一般较大，需孕育更长的时间，中小型螳螂螵蛸较小，孕育时间也更短。在此期间我们应给予雌性螳螂丰富多样的食物和温暖合适的温度，以保证雌性体内卵的发育。同时，我们可以在饲养盒中布置一些大小合适的树枝，静待其产卵。通常雌性螳螂一生会产下数个螵蛸，在人工环境下，我们可以通过加温等方式延长雌性的寿命，令其产下更多的螵蛸。

准备孵化的螵蛸要注意保持湿度和通风，同时还要注意，螵蛸应固定在容器内较高的位置，而不能直接丢放在容器底部

▣ 螵蛸的孵化

不同种类螳螂的螵蛸依其所处环境的不同有不同的孵化条件。在我国四季分明的季风气候区，多数螳螂以螵蛸越冬，雌性螳螂在上年秋天产下螵蛸，翌年 4－5 月若虫孵化。如若我们想遵循自然季节，可在雌性螳螂生产后将螵蛸置于制作完好的饲养盒中，移至阴凉处，盒底垫上潮湿的纸巾，纸巾一干透便喷洒少许水以保湿；在有暖气供应的地区，切忌将其置于暖气房中，以免过早孵化。如若我们有能力，想在寒冷的冬季饲养螳螂，首先我们需要置备大量果蝇；其次，我们需要制作足量的饲养盒和准备保温设施。我们可以如上保存螵蛸，只需在寒冷时利用保温设施加温即可（以 15－28℃为佳）；切忌将保温设施距离螵蛸太近，并时刻保持合适的湿度（50%－80%）。多种大型种螳螂的螵蛸在适宜温度下约 40 天内孵化。当然，如果我们饲养的是热带地区的螳螂，螵蛸的孵化更要一直保持合适的温度、湿度，尽量与原生地相对应。

◉ 螳螂的病害及预防

螳食百虫，难免一病。我们饲养螳螂时，不可避免地会遇到一些生病的个体，如何救治是值得探讨学习的。"治病必求于本"，在面对常遇到的结粪、呕吐等病害问题时，我们应抓住病害的本质，并积极预防，秉持"未病先防"和"既病防变"的养护思想。

▣ 呕吐

此病征为螳螂呕吐黑褐色未消化食物，污水状，有酸臭味；及时采取救治措施预后良好。病因多为螳螂摄食过多、进食不洁或不适合的食物，导致消化系统压力过大。这时，我们应立即停止喂食，将病虫换入洁净的饲养盒中，适当升温（25－30℃）并保持环境相对干燥。在止吐后可手喂低浓度糖水补充能量，当我们观察到螳螂排出干燥成型的粪便，则表明情况缓和。预防方面应注意饲养环境温度不应过低，我们可在日常饲养中适当让螳螂晒晒太阳（晒太阳时应时刻照看，以免过热晒伤晒死），避免喂食不洁不适合的食物，避免气温较低时投喂大量食物。

▣ 结粪

此病害致死率高，其前期征兆有螳螂腹部略下垂、胀腹和排便黏稠。黏稠的粪便可能在肛门附近粘连。受病个体活性较差，腹胀难消。这时，我们应立即停止喂食、降低环境湿度并提高环境温度，还需换入洁净通风的饲养盒养护。此病预防重在不可将饱腹的螳螂放置于温度过低的环境中，饲养盒要保持清洁通风。

▣ 外伤

如若饲养的螳螂腿部不幸受伤，我们应保持饲养环境干燥通风卫生，待伤口结痂后用 75% 乙醇涂抹消毒，防止感染。这样的方法也适用于前胸背板、腹板等部位的感染。但注意，小型种及若虫的耐受性会较差，涂抹位置应避免节间膜及气门。在涂抹乙醇后，应阻止螳螂舔舐伤口以防摄入乙醇。

雌性的角胸屏顶螳 *Phyllothelys cornutum* (Zhang, 1988)　梁采奕采自福建武夷山

八 | 螳螂标本的制作

清代沈复的自传体散文《浮生六记·闲情记趣》中有一段写道："虫死色不变，觅螳螂蝉蝶之属，以针刺死，用细丝扣虫项系花草间，整其足，或抱梗，或踏叶，宛然如生，不亦善乎？"读书至此时，我感到甚是有趣，这不就是清代版的昆虫标本整姿么？在同年代的欧洲，林奈的《植物种志》（Species Plantarum）已经出版50余年，博物学也已经在双名命名法的确立后开始蓬勃发展。此后的近百年间，西方对中国昆虫标本的采集也随着传教士和探险家的到来而在各地悄然展开，大量的中国物种在接下来的岁月中被西方人命名。标本的采集和整理是现代生物分类学研究的基础，和绝大多数昆虫一样，螳螂的标本保存通常也以干制针插标本为主要方式。在这一部分中，我们会详细介绍螳螂标本的制作和保存，以供相关专业人士和爱好者参考。也希望读者朋友在掌握方法后，认真对待所采集的每一号标本，并避免无谓的过度采集。本部分主要内容由上海的资深昆虫爱好者张嘉致先生撰写整理。

● 预备工具

在开始制作螳螂标本之前，我们需要准备以下所需要的工具：标本针若干，硫酸纸，镊子，泡沫板。

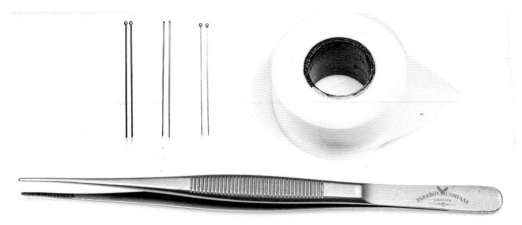

标本针有多种型号，自0号至5号逐渐加粗，可视标本大小自行调整所用型号。硫酸纸用于压平并固定翅膀，镊子则是调整标本姿态的必备工具

⦿ 制作过程

① 将准备处理的螳螂标本腹面向上放置在准备好的泡沫板上。注意，如待处理的并非刚刚死亡的新鲜标本而是已经彻底干燥的标本，则需要进行相对应的还软预处理。步骤如下：褐色或暗色个体可浸泡在温水中软化，在温水中充分浸泡，并确认每一个关节都可以自如活动；绿色或具有鲜艳颜色的个体，需用冷水浸透纸巾或者棉片并包裹标本软化，这样的软化过程耗时较长，但可最大限度避免高温对绿色色素的破坏；螳螂的捕捉足如因肌肉僵硬而不能打开，需利用昆虫针或镊子挑开并注意避免损伤刺列。还软完成后，将标本取出并放置在纸巾或者棉片上吸干水分。

有翅种类的翅也需要打开擦净，防止在之后的步骤中液体与泡沫板粘连而致使标本损坏。对于腹部肥大的个体，建议自腹板节间膜处剪开并清除内脏，以避免标本难以及时干燥而腐烂变色。

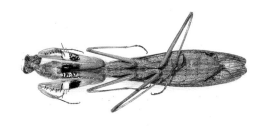

将准备好的标本腹面向上平放于泡沫板之上，还软标本需要注意擦干水分

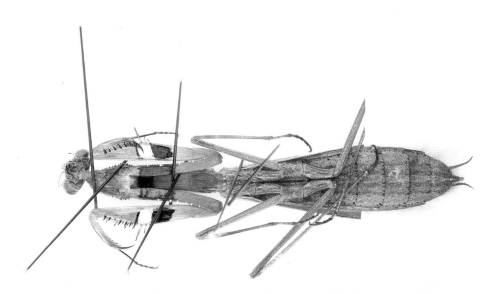

如图固定标本的躯干，此时可以在腹部和翅之间加一张硫酸纸，以便于下一步操作

② 将标本针插于虫体左右两侧的泡沫板上（不要插入标本体内），并以斜向交叉的方式卡住标本，使虫体固定。首先固定前胸，其次是胸腹部，最后再将头部固定。保持标本的头、胸、腹处在同一直线。此

过程中可以稍稍施加力度，使其固定牢固，以免在展翅或对其他结构的固定整姿的过程中发生扭转。螳螂躯干的固定是关键的一步，为之后的步骤打下基础。

③ 用镊子小心地拉出一侧前、后翅，并用标本针固定出初步位置。通常建议只展开一侧翅膀，如遇到标本翅破损不完整的情况，则挑选翅特征较为完好的一侧展开。视标本的用途和个人喜好，也可以将两侧翅均对称展开，或两侧均不展开。在铺展开的翅上加盖硫酸纸，并以标本针沿翅外缘插入泡沫固定；注意不要将标本针插到翅面造成破损。通常，后翅前缘应与躯干垂直，前翅则需要抬高至臀脉域的下缘与后翅前缘相切，并使臀脉域充分展开。在拉拽后翅时，螳螂的腹部可能会随之扭转，此时在腹部的展翅一侧用标本针卡住即可防止。通常，为了方便展翅一侧的中后足整姿，前翅亦可在此基础上再稍稍抬高，使前后翅之间有插针固定的空间。

如所处理的标本触角发达，还需要在拉出翅之前先大致固定好触角的位置，再将翅拉出，覆盖于触角上进行固定。另一侧则用昆虫针在触角基部靠近头的位置、触角中段以及触角末端，左右交叉插针稍稍固定其位置便可。过程中需要注意力度，以免触角弯折断裂。通常，为了避免触角在保存中碰损，建议将触角向身体后侧拉伸；触角较短的个体则可以向前。

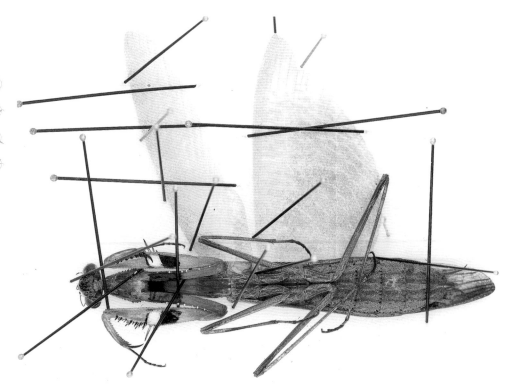

展开一侧翅膀并以硫酸纸覆盖，用标本针插进翅膀外缘的泡沫板中以便固定。注意：标本针不要插到翅膀，同时为了避免翅膀在干燥过程中卷曲，建议用硫酸纸覆盖全部翅面

④ 固定好翅之后，开始固定前足姿态。用镊子将一侧前足基节稍稍向体侧展开，舒展基部与前胸连接处的关节，在夹角处下针，使基节固定。对于长胸种类，前足基节与前胸背板呈近30度夹角即可；前足股节可与前胸背板近平行；前足胫节及跗节与基节平行，使整个前足呈"Z"字状。固定一侧后，再将另一侧前足同先前步骤固定。

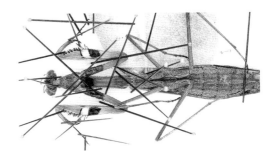

前足的处理，应尽量使前足与身体在同一平面，并且避免遮挡特征

在处理前胸长度显著短于前足基节的螳螂时，可选择"伸展式"整姿，使前足不与前翅重合以免遮挡特征。将前足基节向斜上方拉伸，股节依旧与身体近平行，胫节可与主体垂直或与腿节夹角接近45度，最后跗节调整至端节延长线方向。前足的姿态并非必须如此，有时需视标本的保存程度而做出取舍。在制作标本时，不破坏标本的完整性和尽量不遮挡鉴定特征应是优先考虑的要素。

对于弧纹螳属这样前胸显著短于前足的螳螂，为了避免收缩的前足和翅膀重叠遮挡特征，可选择向前的舒展姿态

视螳螂前胸长短及是否有扩展物，可以调整前足的不同姿态，以做到尽量不遮挡特征

⑤ 在处理好前足姿态后开始分别处理螳螂的中足及后足。中、后足的位置并没有固定的模板，但建议将中、后足固定如下图所示。对于展翅侧的中后足，需小心利用之前展翅步骤中预留的前翅以及后翅间的空隙，作为标本针的落点来固定中足股节、胫节。

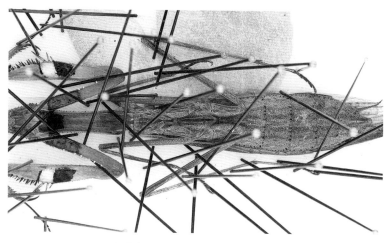

如图中所示，以标本针交叉下压来固定标本的中、后足各节

⑥ 整理好标本的各足之后，取一片硫酸纸压于腹部末端，这样做有助于避免标本在干燥过程中，翅与尾须发生变形卷曲。至此，螳螂标本的整姿就已经完成。由于在制作过程中有可能触碰到先前用于固定的标本针而发生偏移，因此在所有步骤完成后，应再进行一次细微调整。

整姿完成的螳螂标本

⑦　整理好的标本需要静置在阴凉通风处一段时间后才能完全干燥，这个过程中应避免直接接触热源以及强光。待标本干燥之后，小心地逐一取下标本针及硫酸纸。用镊子将标本翻至正面，选取一枚粗细适度的标本针（根据标本的大小调整昆虫针粗细），将其垂直插于标本的中胸或后胸处。标本相对于标本针的高度可由三级台调整，建议标本针顶端高出标本一指宽度，以便于日后提拔标本。对于个体较小的螳螂标本，插针有可能导致干燥标本的破碎，因而可将标本粘贴于台纸之上再将标本针插入台纸来保存；为了避免过多地遮挡腹面特征，台纸建议选择三角形而非方形。插针完成后，在标本下方还应插入标本的采集签。这样，螳螂标本就已制作完成，可以放入标本盒中保存了。

从干燥好的标本的背侧插入标本针，标本针落点于中胸或后胸位置

标本相对于标本针的高度可由三级台调整，建议标本针顶端高出标本一指宽度，以便于日后提拔。在标本下方还应插入采集签。为避免标本晃动，可在腹部两侧加标本针卡住固定

对于日后需要解剖雄性外生殖器的螳螂标本，可预先将雄性腹部末端剪下，放入小离心管、浸泡于75%乙醇中保存，并插于标本下方以备日后处理。解剖雄性外生殖器可将剪下的腹部末端泡进5－10%氢氧化钾溶液，在80℃水浴环境加温2小时（视标本大小，需缩短或延长水浴时间）消融肌肉组织，之后以清水清洗并剥离各个骨片，再将解剖好的结构放进小离心管、浸泡于75%乙醇溶液中保存。注意，生殖器标本应直接插在主体标本之下，以避免日后混淆或丢失。

对于小型种，可选择贴板的方式固定标本。需要解剖的标本可将腹部末端或已经解剖好的结构浸泡在离心管之中并插在标本主体之下

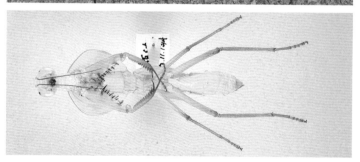

实际上，昆虫标本的主体并非必须是成虫；对于螳螂而言，螵蛸、若虫甚至蜕皮皆可保留标本，也都能或多或少地提供相应的科学信息　李超提供

◉ 采集签的制作

　　对于一号具有科学价值的标本而言，正确且完善的采集信息是不可或缺的部分。研究者对于昆虫的研究需要建立在一个保存良好且包含完整采集信息的昆虫标本之上。这样的标本不仅可以提供昆虫的形态结构特征，还可以为研究者提供其地理分布及发生时间等相关信息，以便于研究的深入和补充。采集签的具体尺寸可根据虫体的大小进行调整，但尽量不要太大。应避免在标签的正反两面标注信息，如信息在一张标签上填写不下，可增加标签的数量。对于标签的材质没有特殊要求，白色的硬卡纸通常是很好的选择；文字信息可以选择手写或打印，且应选择字迹可以持久不会褪色的书写材料。

　　采集签包含的信息应尽量细致。标本采集的地点（国家、城市、地理名称等）应记录得尽可能精确并方便查找，以便于日后的研究者重复采集；如条件允许，也应选择记录经纬度坐标及采集海拔。采集的时间应包含公历的年、月、日。为了避免日期的误读，月份的数字常用罗马字符代替阿拉伯数字，例如，2020 年 5 月 5 日采集的标本，即可写作"2020•V•5"。除去采集地点和时间，采集签上还应包含采集人的姓名。姓名之后应加注"leg."或"coll.";"leg."是拉丁语"legit"的缩写，"coll."则为英语"collected"的缩写。如果共同采集人较多，亦可在主要采集者姓名后加"et al."作为省略。如果昆虫标本在被采集到时仍未达到成虫阶段，并在人工饲养下成体，则应在采集签上注明采集时是若虫（幼虫／蛹）以及成虫时间。例如"Ex Nymphea (Ex Larva/Ex Pupa) 2020.V.5, em. 2020. V.20"；即为"2020 年 5 月 5 日采集到若虫（幼虫／蛹），2020 年 5 月 20 日成虫"。

采集地点　经纬度　　　海拔
采集方式

> **Borneo**: Sabah, Keningau district, Jungle Girl Camp. N5.4430, E116.4512; 1182m; Shi H.L. & Liu Y. leg. light trap Ins. Zoo., CAS. 2016.V.2N

采集人　保存单位　　采集日期

采集标签的常见规格，至少应包含采集地点、时间、采集人等主要采集信息。如条件允许，则应尽量完善更多相关信息

通过三级台来统一标签的高度和间距

此外，为了增加采集信息的精确程度以及学术价值，一些其他的相关信息也可尽量标注在采集签上，或增加一枚新的标签来作为附属备注。这些信息包括但不限于：生境的具体资料（环境类型、天气状况等）、一些特殊寄生物的信息（铁线虫、寄蝇等）、标本采自植物的信息（如采自禾本科植物之上）、及采集的方式等（震落、灯诱、马来氏网等）。这些包含相关信息的标签均需插置于标本主体的下方，在之后的研究及整理中，标签不应涂改或丢弃，如有信息更新，则应增加新的标签备注。由于一号标本下方可能有多个标签（采集签、鉴定签、模式签等），为了美观整齐，建议利用三级台插置以便统一高度和间距。

干燥定型且加上采集标签的标本，应放进密封的标本盒中避光保存，如长期暴露在开放环境中，则可能导致标本出现霉变和虫蛀，造成不可逆的影响。如条件许可，在标本放入标本盒之前需要在冰箱中冷冻24 小时，以免将蛀食标本的皮蠹、窃蠹或啮虫等随标本被带入标本盒。标本盒中可加入樟脑防虫，但如果标本盒足够密封则不加樟脑也没有问题；也可在不需要经常打开的标本盒边缘封上胶条，这样就能有效的避免蛀食标本的昆虫进入。标本放入标本盒后也应注意避光，长期的光照会导致标本褪色；在标本数量较少时，可以各类标本混杂在一处，如果日后标本量渐增，就应该分门别类放置以利于查找。

中国螳螂目各属雄性外生殖器图版

一、小丝螳科 Leptomantellidae、怪螳科 Amorphoscelidae、侏螳科 Nanomantidae

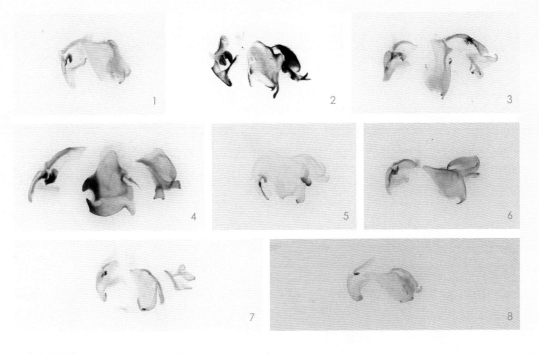

1. 越南小丝螳 *Leptomantella tonkinae* Hebard / Yunnan Mengla.
2. 西南怪螳 *Amorphoscelis singaporana* Giglio-Tos / Yunnan Mengla.
3. 格氏透翅螳 *Tropidomantis gressitti* Tinkham / Hainan Ledong.
4. 云南黎明螳 *Eomantis yunnanensis* Wang & Dong / Yunnan Jinghong.
5. 齿华螳 *Sinomantis denticulata* Beier / Fujian Longyan.
6. 二斑彩螳 *Pliacanthopus bimaculata* (Wang) / Yunnan Jinghong.
7. 云南细螳 *Miromantis yunnanensis* (Wang) / Yunnan Jinghong.
8. 云南矮螳 *Nanomantis yunnanensis* Wang / Yunnan Jinghong.

二、跳螳科 Gonypetidae、角螳科 Haaniidae

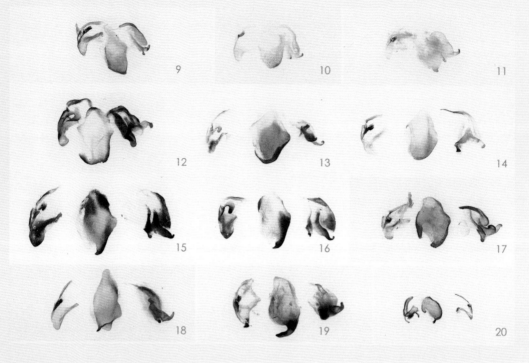

9. 绿脉虎甲螳 *Tricondylomimus mirabiliis* (Beier) / Hainan Ledong.
10. 顶瑕螳 *Spilomantis occipitalis* (Westwood) / Hainan Ledong.
11. 名和小跳螳 *Amantis nawai* (Shiraki) / Taiwan Nantou.
12. 布氏跳螳 *Gonypeta* cf. *brunneri* Giglio-Tos / Yunnan Yingjiang.
13. 中南捷跳螳 *Gimantis authaemon* (Wood-Mason) / Yunnan Yingjiang.
14. 那大石纹螳 *Humbertiella nada* Zhang / Hainan Ledong.
15. 宽斑广缘螳 *Theopompa* cf. *ophthalmica* (Olivier) / Hainan Ledong.
16. 七刺闽螳 *Mintis septemspina* Yang / Fujian Wuyishan.
17. 马氏艳螳 *Caliris masoni* (Westwood) / Yunnan Mengla.
18. 淡色缺翅螳 *Arria pallidus* (Zhang) / Yunnan Gongshan.
19. 格华缺翅螳 *Sinomiopteryx grahami* Tinkham / Sichuan Leshan.
20. 海南角螳 *Haania hainanensis* (Tinkham) / Hainan Wuzhishan.

三、铆螳科Rivetinidae、埃螳科Eremiaphilidae、箭螳科Toxoderidae、枯叶螳科 Deroplatyidae、锥螳科Empusidae

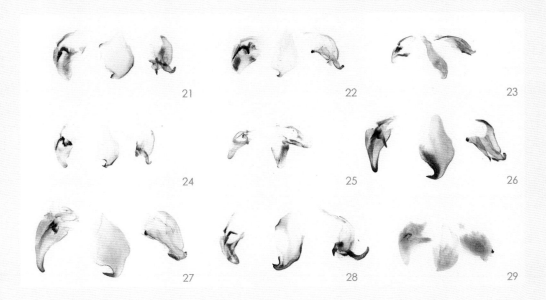

21. 短翅搏螳 *Bolivaria brachyptera* (Pallas) / Xinjiang Shihezi.
22. 尼泊尔惧螳 *Deiphobe mesomelas* (Olivier) / Tibet Jilong.
23. 诗仙蜢螳 *Didymocorypha libaii* Wu & Liu / Tibet Jilong.
24. 芸芝虹螳 *Iris polystictica* Fischer-Waldheim / Ningxia Yinchuan.
25. 土库曼漠芒螳 *Severinia turcomaniae* (Saussure) / Xinjiang Shihezi.
26. 梅氏伪箭螳 *Paratoxodera meggitti* Uvarov / Yunnan Mengla.
27. 多齿箭螳 *Toxodera denticulata* Serville / Yunnan Jinghong.
28. 华丽孔雀螳 *Pseudempusa pinnapavonis* (Brunner von Wattenwyl) / Yunnan Mengla.
29. 浅色锥螳 *Empusa pennicornis* (Pallas) / Xinjiang Shihezi.

四、花螳科 Hymenopodidae

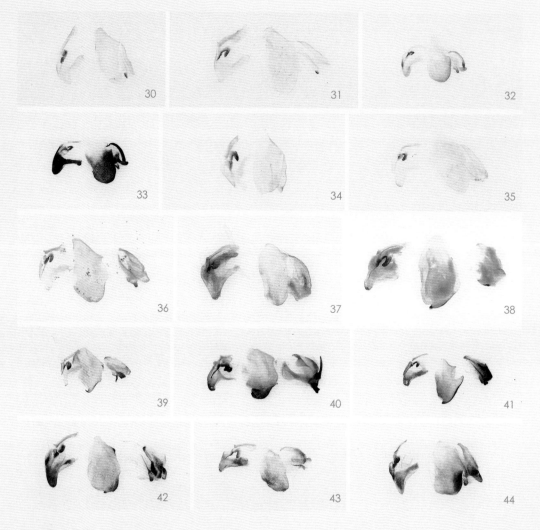

30. 褐缘原螳 *Anaxarcha graminea* Stål / Yunnan Mengla.
31. 端斑羲和螳 *Heliomantis elegans* (Navas) / Tibet Zhangmu.
32. 长翅齿螳 *Odontomantis longipennis* Zhang / Guangxi Nanning.
33. 金色耀螳 *Nemotha metallica* Westwood / Yunnan Gongshan.
34. 冕花螳 *Hymenopus coronatus* (Olivier) / Yunnan Jinghong.
35. 中华弧纹螳 *Theopropus sinecus sinecus* Yang / Guangxi Jinxiu.
36. 丽眼斑螳 *Creobroter gemmata* (Stoll) / Yunnan Mengla.
37. 中南拟睫螳 *Parablepharis kuhlii asiatica* Roy / Hainan Ledong.
38. 魏氏屏顶螳 *Phyllothelys werneri* Karny / Fujian Nanping.
39. 索氏角胸螳 *Ceratomantis saussurii* Wood-Mason / Yunnan Mengla.
40. 基黑异巨腿螳 *Astyliasula basinigra* (Zhang) / Yunnan Mengla.
41. 多斑舞螳 *Catestiasula nitida* (Brunner) / Yunnan Mengla.
42. 中印枝螳 *Ambivia undata* (Fabricius) / Yunnan Mengla.
43. 大姬螳 *Acromantis magna* Yang / Hunan Liuyang.
44. 莫氏苔螳 *Majangella moultoni* Giglio-Tos / Yunnan Mengla.

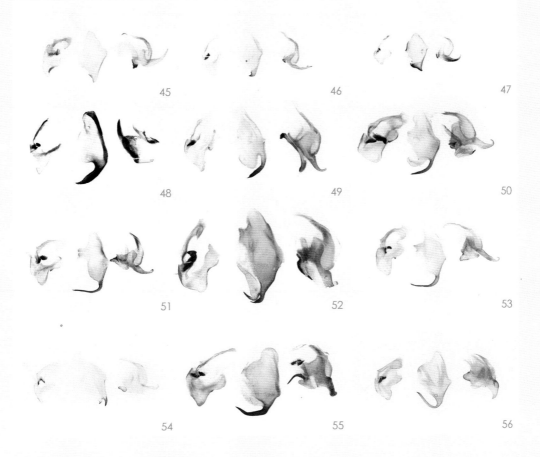

45. 云南亚叶螳 *Asiadodis yunnanensis* (Wang & Liang) / Yunnan Jinghong.

46. 薄翅螳 *Mantis religiosa* Linnaenus / Tibet Chayu.

47. 棕静螳 *Statilia maculata* (Thunberg) / Shanghai Xujiahui.

48. 宽阔半翅螳 *Mesopteryx platycephala* (Stål) / Guangdong Qingyuan.

49. 中华刀螳 *Tenodera sinensis* Saussure / Fujian Wuyishan.

50. 宽胸菱背螳 *Rhombodera latipronotum* Zhang / Yunnan Honghe.

51. 广斧螳 *Hierodula patellifera* (Serville) / Beijing Haidian.

52. 傅氏巨斧螳 *Titanodula fruhstorferi* (Werner) / Guangxi Fangchenggang.

53. 杂斑短背螳 *Rhombomantis fusca* (Lombardo) / Yunnan Baoshan.

54. 越南巧斧螳 *Dracomantis mirofraternus* Shcherbakov & Vermeersch / Yunnan Jinghong.

55. 梅花半斧螳 *Ephierodula meihuashana* (Yang) / Hainan Ledong.

56. 五刺湄公螳 *Mekongomantis quinquespinosa* Schwarz, Ehrmann & Shcherbakov / Yunnan Jinghong.

主要参考文献

［1］ 王天齐，1993. 中国螳螂目分类概要 ［M］. 上海：上海科技文献出版社.

［2］ 黄邦侃，1999. 福建昆虫志 第一卷 ［M］. 福州：福建科学技术出版社.

［3］ 朱笑愚，吴超，袁勤，2012. 中国螳螂 ［M］. 北京：西苑出版社.

［4］ BATTISTON R, PICCIAU L, FONTANA P, et al., 2010. Mantids of the Euro–Mediterranean area ［M］. Italy: World Biodiversity Association, Verona.

［5］ BEIER M, 1935. Mantodea, Fam. Mantidae, Subfam. Mantinae. Genera Insectorum, 203 ［M］. Bruxelles: Desmet–Verteneuil.

［6］ BEIER M, 1964. Blattopteroidea, Mantodea // BRONN H G, editor. Klassen und Ordnungen des Tierreichs. Fünfter Band: arthropoda. III Abteilung: insecta ［M］. Leipzig: Geest & Portig.

［7］ BEIER M, 1968. Mantodea (Fangheuschrecken) // HELMCKE J G, STARCK D, WERMUTH H, editors. Handbuch der Zoologie. IV. Band: arthropoda – 2: insecta ［M］. Berlin: Walter de Gruyter & Co..

［8］ BOLIVAR I, 1897. Les Orthoptères de St.–Joseph`s College à Trichinopoly– (Sud de l`Inde) ［J］. Annales de la Société Entomologique de France, 66 (2): 282–316.

［9］ BRANNOCH SK, WIELAND F, RIVERA J, et al., 2017. Manual of praying mantis morphology, nomenclature and practices (Insecta, Mantodea) ［J］. ZooKeys, 696: 1–100.

［10］ EHRMANN R, 2002. Mantodea. Gottesanbeterinnen der Welt ［M］. Berlin:Natur und Tier–Verlag GmbH, Kleimannbrücke.

［11］ EHRMANN R, BORER M, 2015. Mantodea (Insecta) of Nepal: an annotated checklist ［J］. Biodiversität und Naturausstattung im Himalaya, 5: 227–274.

［12］ GIGLIO–TOS E, 1919. Saggio di una nuova classificazione dei mantidi ［J］. Bullettino della Società Entomologica Italiana, 49: 50–87.

［13］ GIGLIO–TOS E, 1921. Orthoptera, Fam. Mantidae, Subfam. Eremiaphilinae. Genera Insectorum, 177 ［M］. Bruxelles: Desmet–Verteneuil.

［14］ GIGLIO–TOS E, 1927. Orthoptera Mantidae. Das Tierreich 50 ［M］. Berlin & Leipzig: Walter de Gruyter & Co..

［15］ HENRY GM, 1932. Observations on some Ceylonese Mantidae, with description of new species ［J］. Spolia Zeylanica, 17(1):1–18.

［16］ LIU QP, LIU ZJ, CHEN ZT, et al., 2020. A new species and two new species records of Hierodulinae from China, with a revision of *Hierodula chinensis* (Mantodea: Mantidae) ［J］. Oriental Insects.

［17］ LOMBARDO F, 1993. Studies on Mantodea of Nepal (Insecta) ［J］. Spixiana, 16(3):193–206.

［18］ MUKHERJEE TK, HAZRA AK, GHOSH AK, 1995. The mantid fauna of India (Insecta:

Mantodea) [J]. Oriental Insects, 29: 134, 185–358.

[19] OTTE D, SPEARMAN L, 2005. Mantida species file, Catalog of the mantids of the world [M]. Philadelphia : Insect Diversity Association, Publication Number 1.

[20] ROY R, 2009. Révision des Toxoderini sensu novo (Mantodea, Toxoderinae) [J]. Revue Suisse de Zoologie, 116(1): 93–183.

[21] ROY R, 2010. The Indo–Malaisian Amorphoscelinae (Mantodea, Amorphoscelidae) [J]. Revue Française d'entomologie (n.s.), 32(1–2): 65–92.

[22] SCHWARZ CJ, EHRMANN R, BORER M, et al., 2018. Mantodea (Insecta) of Nepal: corrections and annotations to the checklist [J]. Biodiversität und Naturausstattung im Himalaya, 6: 201–247.

[23] SCHWARZ CJ, EHRMANN R, SHCHERBAKOV E, 2018. A new genus and species of praying mantis (Insecta, Mantodea, Mantidae) from Indochina, with a key to Mantidae of South–East Asia [J]. Zootaxa, 4472(3): 581–593.

[24] SCHWARZ CJ, ROY R, 2019. The systematics of Mantodea revisited: an updated classification incorporating multiple data sources (Insecta: Dictyoptera) [J]. Annales de la Société entomologique de France, 55 (2): 101–196.

[25] SCHWARZ CJ, SHCHERBAKOV E, 2017. Revision of Hestiasulini Giglio–Tos, 1915 stat. rev. (Insecta: Mantodea: Hymenopodidae) of Borneo, with description of new taxa and comments on the taxonomy of the tribe [J]. Zootaxa, 4291 (2):243–274.

[26] SHCHERBAKOV E, ANISYUTKIN L, 2018. Update on the praying mantises (Insecta: Mantodea) of South–East Vietnam [J]. Annales de la Société entomologique de France, 54(2): 119–140.

[27] SHCHERBAKOV E, VERMEERSCH XHC, 2020. *Dracomantis mirofraternus* gen. et sp. n., A New Genus and Species of Hierodulinse (Mantodea: Mantidae) from Vietnam [J]. Far Eastern Entomologist, 408:1–12.

[28] SVENSON GJ, WHITING MF, 2004. Phylogeny of Mantodea based on molecular data: evolution of a charismatic predator [J]. Systematic Entomology, 29: 359–370.

[29] SVENSON GJ, 2014. The type material of Mantodea deposited in the National Museum of Natural History, Smithsonian Institution, USA [J]. ZooKeys, 433: 31–75.

[30] TINKHAM ER, 1937. Studies in Chinese Mantidae (Orthoptera) [J]. Lingnan Scientific Journal, 16(3): 481–499.

[31] TINKHAM ER, 1937. Studies in Chinese Mantidae (Orthoptera) [J]. Lingnan Scientific Journal, 16(4): 551–572.

[32] WANG TQ, JIN XB, 1995. Recent advances on the biosystematics of Mantodea from China [J]. Journal of Orthoptera Research, 4: 197–198.

[33] WANG Y, EHRMANN R, BORER M, 2021. A new species in the praying mantis genus

Rhombomantis Ehrmann & Borer (Mantodea: Mantidae) from Indochina [J]. Faunitaxys, 9(8): 1–23.

[34] WANG Y, ZHOU S, ZHANG YL, 2020. Revision of the genus *Hierodula* Burmeister (Mantodea: Mantidae) in China [J]. Entomotaxonomia, 42(2): 1–21.

[35] WU C, LIU CX, 2017. Four newly recorded genera and six newly recorded species of Mantodea from China [J]. Entomotaxonomia, 39(1):15–23.

[36] WU C, LIU CX, 2020. New record of *Didymocorypha* Wood–Mason (Mantodea, Eremiaphilidae) from China, with description of a new high–altitude wingless mantis species in Asia [J]. Zookeys, 922: 51–63.

[37] WU C, LIU CX, 2021. The genus *Amorphoscelis* Stål (Mantodea: Amorphoscelidae) from China, with description of two new species and one newly recorded species [J]. Journal of Natural History, 55: 3–4, 189–204.

[38] WU C, LIU CX, 2021. Notes on the genus *Theopropus* Saussure (Mantodea, Hymenopodidae) from China, with description of a new species from the Himalayas [J]. ZooKeys, 1049: 163–182.

[39] VERMEERSCH XHC, 2020. *Titanodula* gen. nov., a new genus of giant Oriental praying mantises (Mantodea: Mantidae: Hierodulinae) [J]. Belgian Journal of Entomology, 100: 1–18.

我想写一本较为全面地包含螳螂各类信息的书，心思已久。

虽然这本书开笔其实仅是一年前的事情，然而筹备与积累，则可追溯至十年以前。十年前，朱笑愚先生及我及袁勤先生所著之《中国螳螂》正在结笔阶段，那时我接触螳螂分类学的相关信息不过皮毛；如今回看，前书中不乏诸多问题，但也幸为螳螂知识之科普献出微力。自那时起，我便有写一本更加侧重螳螂生物学及生活史相关内容书籍的想法。二〇一九年仲秋，承蒙好友、蜻蜓分类专家张浩淼君之引荐，获海峡书局认可，出版这本书的计划便一拍即合，旋即开工了。

受益于前人丰厚的积累和近十年来网络的飞速发展，让我获取信息变得空前方便。这十年间，我也走遍祖国山川各地，在自然中观察螳螂的生活习性，获得它们在野外的一手信息。我将这些所闻所见皆付笔端，希望将螳螂的魅力立体而细腻地展现给各个年龄的读者。此间，很多朋友为我提供不可或缺之帮助，我不敢相忘分毫；诸多学者专家及爱好者的热心供图使本书更加充实完善，单列致谢一项于后，请友人们接纳。

本书力求尽可能全面地涵盖螳螂相关的各种信息，从文化内容到分类科学，从自然生态到结构解剖；也力求齐全地覆盖中国各地所能见到的螳螂各属，让在中国有记录的属一级的螳螂都有代表种的生态图片之展现。书中也不忘力求内容之先进，即使在截稿前夕，依旧紧跟研究前沿调整信息，一次次修改添加，在出版团队的辛劳之下，终使本书得以付梓。然而纰漏依旧难免，着墨处如有谬误，还望读者不吝指出，日后若能再版，定将修补相谢。我也诚邀同好之士一道记录，让我们能更全面地了解这些优美的昆虫，并把它们的魅力展现给广大的读者朋友。

吴超 二〇二〇年九月廿二日 于北京

致谢

本书的完成，离不开诸多良师益友和未曾谋面的爱好者的倾情相助。

我首先感谢中国科学院动物研究所的刘春香副研究员对我在分类学工作上的悉心指导和帮助，刘老师方方面面的教导皆让我受益良多。

自二○一○年以来，北京教学仪器研究所的袁勤先生帮助我饲养了近百种螳螂用于相应的研究，并在饲养和行为学观察方面提供了诸多信息。台湾的陈常卿先生对我多年来在西南地区的考察给予了强大的支持。九年来，宜宾的杨晓东先生在我前往中国西南各地的采集活动中提供了诸多帮助和照料；同样的，上海的毕文烜先生、青岛的黄灏先生、沈阳的郝建先生、重庆的郎嵩云博士、北京的杨干燕博士、天津的齐硕博士皆是我在这些艰苦的野外岁月中不可或缺的挚友。上海的张嘉致先生——也是本书第八部分之作者——一直对我的工作给予大力支持并为我提供了大量重要的研究标本，他每从国外归来不忘给我捎带咖啡，即使并不好喝。安徽蚌埠的夏兆楠先生有着丰富的螳螂饲养经验，他热情地撰写了第七部分的主要内容，并提供了很多关于螳螂越冬状态的宝贵信息。

书中的精美插图由我的爱人聂采文女士倾心绘制，在她细心且不厌其烦地修改下，这些插图为本书增色颇多。

我由衷地感谢北京林业大学博物馆的王志良博士，北京林业大学林学院的史洪亮教授，中国科学院动物研究所的梁宏斌副研究员、林美英博士、袁峰先生、刘晔先生、王勇先生、黄鑫磊先生，台湾的王宇堂先生、张永仁先生，厦门的郑昱辰先生，中国农业大学的刘星月教授、李虎教授，上海师范大学的胡佳耀博士、汤亮副教授、殷子为副教授，华南农业大学的黄思遥先生，山东农业大学的张婷婷博士，重庆的张巍巍先生，北京的李超先生、刘锦程先生、关翔宇先生、王春浩先生，江苏的朱笑愚先生，上海的余之舟先生、卜南翔先生、宋晓彬先生，大连的林业杰先生，北京植物园的周达康先生，海南的李飞博士、王建赟博士，深圳的庄海玲博士，四川的邱鹭博士，福州的宋海天博士，中国科学院西双版纳热带植物园的潘勃博士、刘景欣博士，中国科学院昆明动物研究所的张浩淼博士，西藏大学农牧学院的潘朝晖副研究员，华东师范大学的何祝清博士，北京的计云先生、丁亮先生，昆明的蒋卓衡先生，河北石家庄的杨玺宇先生，北京动物园的徐康先生，广州的梁采奕女士等，皆曾为我提供珍贵而重要的标本或相关采集信息。青岛的刘钦朋先生提供了铁线虫致使螳螂性征模糊的样本，吉林农业大学菌物研究所的朱力扬博士提供了螳螂寄生性真菌的相关信息，台湾的许至廷先生也为我提供诸多帮助，在此一并致谢。

我还要感谢广州中山大学的梁铬球教授，上海昆虫研究所的刘宪伟研究员、殷海生研究员，河北大学的任国栋教授，中国科学院昆明动物研究所的董大志研究员、李开琴博士等在我对所在研究单位检视标本时为我提供了诸多便利。

感谢多年来，德国螳螂专家Reinhard Ehrmann先生和美国加利福尼亚大学的曾昱博士为我在文献查找方面提供的诸多便利。

感谢旅居哥斯达黎加的姜楠女士和她的家人在我前往马来西亚婆罗洲采集时对我的细心关照。北京大学附属中学的薛楠女士、倪一农先生、李朝红先生、董鹏先生为我提供了在秦岭及海南地区采集的诸多帮助，并为我带回珍贵标本；倪一农先生所指导的自然之翼学生团队的数位学员也为我提供了不少帮助，在此亦一并致谢。我也感谢在本书编写期间，杭州的彭楠女士提供的关照及对古文籍中螳螂相关信息的查找。

全国各地的螳螂饲养爱好者及热心网友李艺先生、吴恒宇先生、张新民先生、陈瀚林先生、郭峻峰先生、吕泽逸先生、韦朝泰先生、王阳鸣先生、王彦卿先生、涂粤峥先生、岳逸松先生等人为本书直接或间接地提供了各种螳蛸样本，甘肃的张海华女士还为本书特意设计制作了精美的螳螂剪纸，一并致谢。

本书中的部分图片由李超先生、王志良博士、余文博先生、胡佳耀博士、黄仕傑先生、朱卓青先生、王瑞先生、张瑜先生、张嘉致先生、刘钦朋先生、张永仁先生、刘锦程先生、郭峻峰先生、刘晔先生、严莹女士、旺达先生、郑昱辰先生、王冬冬先生、李辰亮先生、王文静女士、王吉申博士、施筱迪先生等好友热情而无私地提供，正是他们的奉献令本书生辉，各位图片提供者的所有版权也皆在正文处标注。

最后，感谢我的父母和亲人，也感谢在我生命中出现的爱着或爱过我的人们；是与你们的相遇，让我学会成长与相爱、感动与坚持；无论我们相伴朝夕，抑或，天各一方。

吴超 二〇二〇年孟秋 于福建三港